U0161682

电化学发光新体系及微小器件的研究

启黎明◎著

中国纺织出版社有限公司

内 容 提 要

本书围绕新型电化学发光体系的建立和电化学发光微型器件的设计进行了一系列研究。基于组氨酸结构中咪唑环与铜离子的结合作用，以及铜离子对光泽精阴极发光的淬灭作用，建立了一种简单且高选择性的电化学发光淬灭恢复体系，并实现了对组氨酸的检测。将电磁感应技术与电化学发光技术相结合，设计了一款新型无线输电电化学发光阵列芯片。利用该器件实现了鲁米诺/过氧化氢体系中过氧化氢的多通道可视化检测。基于旋转电极的切向流动设计了一种新型 3D 打印旋转双盘电极，研究了其在经典铁氰化钾可逆体系中的电化学行为，并将其应用于铜离子还原与氧还原的反应过程研究，均得到了很好的结果。本书适用于电化学领域的研究人员。

图书在版编目（CIP）数据

电化学发光新体系及微小器件的研究 / 启黎明著. -- 北京：中国纺织出版社有限公司，2024.4
ISBN 978-7-5229-1627-9

Ⅰ.①电… Ⅱ.①启… Ⅲ.①电化学—化学发光分析—研究 Ⅳ.①O646

中国国家版本馆 CIP 数据核字（2024）第 070391 号

责任编辑：段子君　　责任校对：高　涵　　责任印制：储志伟

中国纺织出版社有限公司出版发行
地址：北京市朝阳区百子湾东里 A407 号楼　邮政编码：100124
销售电话：010—67004422　传真：010—87155801
http://www.c-textilep.com
中国纺织出版社天猫旗舰店
官方微博 http://weibo.com/2119887771
三河市延风印装有限公司印刷　各地新华书店经销
2024 年 4 月第 1 版第 1 次印刷
开本：880×1230　1/32　印张：4.125
字数：95 千字　定价：99.00 元

凡购本书，如有缺页、倒页、脱页，由本社图书营销中心调换

前　言

　　电化学发光方法是一种传统的分析方法，近年来，随着纳米技术、生物成像、微流控芯片、双极电极技术等领域的蓬勃发展，电化学发光方法得到了科研人员的广泛关注。电化学发光方法是一种背景干扰小、灵敏度高、简单可控、快速便捷、易于可视化的检测手段，它在各个领域展现出了独特的发展优势，因此被广泛应用于生物分析、药物检测、临床诊断，以及食品和环境监测等领域。近年来，各个领域对分析技术和仪器的新要求不断提升、对现场即时检测的需求更迫切，因此有必要不断发展新的电化学发光体系和新型电化学及电化学发光微型化便携式器件。基于此，在本书中，我们主要围绕新型电化学发光体系的建立和电化学及电化学发光微型器件的设计展开了一系列的研究，具体内容如下：

　　1. 组氨酸是人类所需的 20 种氨基酸之一，它是体内多种蛋白质合成不可或缺的原材料，但主要靠高效液相色谱等与分离方法相结合的经典分析方法进行检测。因此，发展一种简单且高选择性检测组氨酸的方法是非常有必要的。所以，我们基于组氨酸结构中咪唑环与铜离子的结合作用，以及铜离子对光泽精阴极发光的淬灭作用，建立了一种简单且高选择性的电化学发光淬灭恢复体系，并实现了对组氨酸的检测。

　　2. 无线输电技术是一种无须连接线就可以将电能从电源输出端传输到使用终端的技术。近年来，基于无线输电技术的大量产品涌入了人们的日常生活，如无线充电牙刷、无线充电台灯、无线充电手机，甚至是无线充电的新能源汽车。基于这些产品的灵感，我们利用无线传输技术中的短程传输方式——电磁感应技术构建了一种新型无线输电电化学发光阵列芯片，并通过加入简单电子器件——整流二极管对接收端中的高频交流电进行整流，从而有效减少在高速变换的交流电中损失的电化学发光反应活性中间体，实现了无线输电电化学发光体系的 18000 倍的电化学发光增强。同时，我们将该微小器件与数码相机和手机相结合，实现了过氧化氢的多通道可视化检测。

3. 经典的反应—收集系统——旋转环盘电极是一种常用的动力学分析监测方法。该技术需要环电极与盘电极之间具有高度的同轴性，然而高度同轴性的需求使电极的制作工艺非常复杂且使电极脆弱易坏。与此同时，商业购买的旋转环盘电极材料有限，无法根据个人需求随意替换。因此，发展一种新型的反应—收集体系来弥补经典体系的缺点是非常必要的。经典旋转环盘电极主要利用了由离心力导致的径向流动来进行传质，然而相对于径向流动，溶液自身黏度与电极间的相互作用产生的切向流动速度更快，因此我们基于旋转电极的切向流动设计了一种新型 3D 打印旋转双盘电极，并研究了其在经典铁氰化钾可逆体系中的电化学行为，并将其应用于铜离子还原与氧还原的反应过程研究，均得到了很好的结果。

由于能力有限，书中难免存在不足之处，敬请广大读者批评、指正。

启黎明

2023 年 10 月

目　录

第1章 绪 论

1.1 电化学发光概述

电化学发光（electrochemiluminescence，ECL）又称作电致化学发光（electrogenerated chemiluminescence），是反应物质在电极表面通过电化学反应产生激发态产物，而后在返回基态过程中以光辐射的形式散发能量产生发光的过程（Liu et al., 2015; Hu and Xu, 2010; Miao, 2008; Richter, 2004）。它是电化学方法与化学发光法的强强结合，同时具备这两种方法的优点，是一种快速、简便、可控、高灵敏的检测方法。图 1-1 是电化学发光过程的简单原理示意图（Kirschbaum and Baeumner, 2015）。电化学发光、化学发光和光致发光是冷光的三种典型代表，相比于化学发光和光致发光，电化学发光在分析应用中具有独特的优势：与光致发光相比，电化学发光不需要引入昂贵的激发光源，因此没有背景光源干扰且成本较低；化学发光和电化学发光都是通过高能反应获取激发能量，其中化学发光是通过反应物质的混合来获得能量，其可控性差，而电化学发光是通过电极表面的电化学反应得到激发，因此反应速率、激发态产生方式和反应时间及位点等都会受到电化学信号的严格控制，因此具有很好的可控性。所以电化学发光是发光分析方法中最具优势的分析方法，具有很好的发

1

展潜力与应用前景。

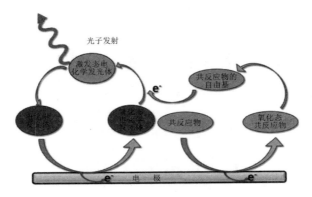

图 1-1　电化学发光过程的简单原理示意图

最早在 20 世纪 20 年代末，Harvey 在电解碱性条件下的鲁米诺溶液的过程中发现了发光现象（Haapakka and Kankare, 1982; Harvey, 1929）。而关于电化学发光的首次详尽报道是在 20 世纪 60 年代中期由 Hercules 和 Bard 发表（Santhanam, 1965; Hercules, 1964; Visco, 1964）。此后，电化学发光作为新兴技术被广泛关注，在漫长的几十年发展过程中，各种不同的电化学发光体系被不断提出，并对它们的发光机理进行了深入探讨。与此同时，为了满足电化学发光方法在不同领域的应用需求，多种增强电化学发光强度的手段与方法被提出并应用。因此，现如今电化学发光方法已经发展成为强大的分析检测手段，在免疫分析、核酸分析、医疗诊断、环境监测及食品分析等诸多领域占据了不可替代的重要地位。随着不同分离技术的快速发展，电化学发光法作为高灵敏的信号输出方式与流动注射、高效液相色谱、毛细管电泳等技术相结合，实现了对多种物质的分离检测。近年来，随着设备微型化的趋势与现场即时检测的需求，科研人员大力发展了很多新型的电化学发光技术，如双极电极电化学发光技术、无线输电电化

学发光技术、新型单电极电化学发光技术及纸基电极电化学发光
技术等。

1.2　电化学发光体系

　　电化学发光体系是电化学分析方法的基础。发展新型高效的
电化学发光体系对电化学发光分析的发展具有重大意义。根据电
化学发光体的不同，电化学发光体系可分为无机电化学发光体
系、有机电化学发光体系及新兴的纳米电化学发光体系（Li et al.,
2017; Li et al., 2012 ）。

1.2.1　无机电化学发光体系

　　常见的无机电化学发光体主要包括 Ru、Os、Ir 等金属的配合
物。1966 年，Hercules 第一次报道了 Ru（bpy）$^{3+}$ 的电化学发光
（David M. Hercules, 1966 ）。作为最常用的金属配合物电化学发
光体系，Ru（bpy）$^{3+}$ 具有良好的水溶性、高发光效率、优良的
电化学性质，以及良好的发光稳定性，其最常见的共反应剂为三
丙胺（TPA），该体系的反应机理如图 1-2 所示（Miao, 2002 ）。
相比于 TPA，二丁基乙醇胺（DBAE）是一种环境友好、易溶于
水、安全高效的 Ru（bpy）$^{3+}$ 共反应剂，在金电极和铂电极表面
Ru（bpy）$^{3+}$/DBAE 体系的发光强度分别是 Ru（bpy）$^{3+}$/TPA 体
系的 10 倍、100 倍（Liu et al., 2007 ）。在 Ru（bpy）$^{3+}$ 的基础上，
为了提高 Ru 配合物发光体的发光性质、应用范围和发光效率，
科研人员研发了多种新的 Ru 配合物用于电化学发光检测。例如
Xu 等人发现荧光分子 [Ru（bpy）$_2$dppz]$^{2+}$ 可作为一种高效的电
化学发光开关（Hu et al., 2009 ）。在纯水溶液中，[Ru（bpy）$_2$

dppz]$^{2+}$ 的电化学发光信号是无法观察到的，但当有 DNA 存在时，[Ru（bpy）$_2$dppz]$^{2+}$ 的 ECL 信号增强了近 1000 倍。基于 [Ru（bpy）$_2$ dppz]$^{2+}$ 的电化学发光开关性质，他们构建了一种免标记 ATP 适配子电化学发光传感器，实现了对 ATP 的定量检测。

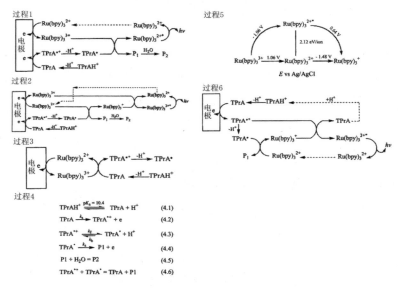

图 1-2　吡啶钌 / 三丙胺体系的电化学发光原理图

Ru（Ⅱ）配合物电化学发光体受到中心金属离子配位场分裂能的限制，很难对其发光波长进行调整（Liu et al., 2015）。相比于 Ru（Ⅱ）配合物，Ir（Ⅲ）配合物具有更高的发光效率和更宽的发光波长范围，因此近年来受到了科研人员的广泛追捧。通过对 Ir（Ⅲ）配合物配体的修饰及配位方式的改变，Zhou 等人制备了以 2- 苯基喹啉为配体的 Ir 环化配合物及其衍生物，并对其光物理、电化学和电化学发光性质进行了表征。与 Ru（bpy）$^{3+}$ 相比较，这一系列的 Ir 配合物在乙腈溶液中的电化学发光具有更高的效率（Zhou et al., 2015）。目前，大部分 Ir 配合物的 ECL 研究都是在有机溶液中进行的，因此极大地限制了 Ir 配合物在 ECL 分析中的应用。因此，Cola 等人合成了一系列水溶性的 Ir 双环化配合物，他们在水溶液中对其 ECL 性质进行了表征，并得到了很好的结果，这一系列新的水溶性 Ir 配合物有望作为新的免疫标记物来替代商业 Ru 标记物（Fernandez-Hernandez et al., 2016）。

不同发光体具有不同的激发电位和发射过程，因此将不同电化学发光体混合到一个体系中，改变施加电位，通过同时或连续监测不同发射波长的 ECL 信号，可实现不同组分的多通道检测（Doeven et al., 2014; Doeven et al., 2013）。例如 Hogan 等人将不同 Ir 环化配合物与 Ru（bpy）$^{3+}$ 混合，通过改变施加电位选择性地氧化或还原某些组分，从而得到了不同强度和不同颜色的电化学发光信号（Kerr et al., 2015）。目前，具有较宽色域的一般都是混合 ECL 体系，然而具有较宽色域的单分子电化学发光体并不常见。可是近年来，Hogan 等人报道了一种新的 Ir 配合物，该配合物在电化学反应过程中会生成两种激发态产物，通过调节施加电位可以控制电化学反应产物的比例，从而在电位扫描过程中可得到较宽波长范围的电化学发光光谱（Haghighatbin et al., 2016）。

1.2.2　有机电化学发光体系

有机分子作为常见的发光体，在电化学发光领域也占有举足轻重的地位。常见的有机电化学发光体主要包括鲁米诺及其衍生物、吖啶酯、红荧烯、蒽类化合物等（Liu et al., 2015; Hu and Xu, 2010; Miao, 2008; Richter, 2004）。其中鲁米诺是最常见且已商业化生产的有机电化学发光体，它在外加共反应剂存在时具有很强的阳极发光，最常见的共反应剂为过氧化氢，该体系的电化学发光机理如图 1-3 所示（Kitte et al., 2017）。然而最近报道了一种在没有共反应剂存在时高效快速检测鲁米诺的方法。该方法通过改变循环伏安扫描起始电位,在负电位处还原溶液中的溶解氧产生活性中间体,该活性中间体在阳极氧化过程中可作为共反应剂,极大地增强鲁米诺的阳极电化学发光(Liu et al., 2014),从而实现了鲁米诺高灵敏的自检测。光泽精是属于吖啶酯类的电化学发光体,具有稳定高效的阴极电化学发光性质。光泽精也是一种商业化生产的电化学发光试剂,在没有外加共反应剂存在时就有很强的电化学发光信号。利用它的阴极发光,Xu 等人建立了简单的电化学发光淬灭体系,实现了对铜离子的高灵敏选择性检测(Chen et al., 2018)。鲁米诺和光泽精的结构示意图如图 1-4 所示。作为商业化成熟的电化学发光试剂,它们具有电化学稳定性好、发光效率高等优点,因此被广泛应用于电化学发光检测相关领域中。

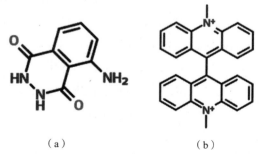

图 1-3　鲁米诺 / 过氧化氢体系的电化学发光原理图

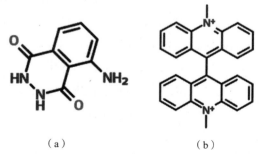

（a）　　　　　　　　　（b）

图 1-4　鲁米诺（a）和光泽精（b）的结构示意图

除此之外，常被用作荧光探针的染料分子——硼亚甲基二吡咯（BODIPY）不仅在可见与近红外光范围内具有良好的光学性质，而且结构设计使其具有良好的电化学特性，因此吸引了电化学发光领域科研人员的眼球。Bard 等人率先对 BODIPY 的电化学及电化学发光性质进行了一系列研究（Dick et al., 2015; Nepomnyashchii et al., 2013; Alexander B. Nepomnyashchii, 2010）。在此基础上，Ding 小组发现一种内消旋位、α 位分别具有两个 C8 长链并具有联苯的 BODIPY 染料分子表现出很高的电化学发光效率（Hesari et al., 2015）。该新染料分子中的联苯芳香族基团的存在给染料分子提供了 π 键作用，增强分子内电子转移作用，而在 BODIPY 分子 α 位、β 位或内消旋位修饰 C8 长链可稳定电化学自由基，从而有效增强 BODIPY 染料分子的电化学发光效率，其发光机理如图1-5所示。二萘嵌苯，又称为苝，也是一种常用的荧光分子，具有稳定性好、电子转移速率快、易于修饰、价格便宜、光学性能好等优点（Li et al., 2017）。近年来，苝及其衍生物作为可能的电化学发光体引起了广泛关注。可是苝的水溶性并不好，难于实现水溶液中的检测。因此，为了解决水溶性的问题，在其分子结构中引入了一些亲水性基团，如羧基和氨基等。Chen 等人通过氨解 3,4,9,10- 苝四酸二酐得到了一种水溶性苝衍生物（PTC-NH$_2$）（Lu et al., 2015）。该衍生物在有过硫酸根的条件下可产生电化学发光，且多巴胺可有效淬灭该体系的 ECL，从而实现对多巴胺的定量检测。在此基础上，该小组又将聚乙烯亚胺（PEI）与四羧酸苝（PTCA）供价键合制备了一种新的苝衍生物，以溶解氧为共反应物，得到了其在水溶液中的电化学发光（Zhao et al., 2016）。

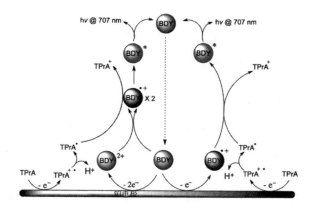

图 1-5　**BDY/TPA 体系的电化学发光机理图**

1.2.3　纳米电化学发光体系

随着纳米科学与技术的日益发展，不同质地、尺寸、形貌的纳米材料的不断涌现极大地丰富了材料领域（Lai et al., 2015; Zhang et al., 2012）。近年来，由于纳米材料独特的物理（结构、磁性、电学、光学）和化学（催化）性质，研究人员大力地开展了对其电化学发光性质的研究（Li et al., 2012）。自 2002 年 Bard 等人首次报道了半导体硅量子点的电化学发光性质以来，大量半导体量子点的电化学发光性质被广泛研究并报道，如 CdS、CdSe、CdTe、ZnS 等量子点及其复合材料（Jie and Jie, 2016; Wang et al., 2016; Zhang et al., 2016; Huan et al., 2015; Jie et al., 2015; Lv et al., 2015; Stewart et al., 2015; Ding, 2002）。起初的量子点电化学发光的研究都是在有机相中进行的，直到硅量子点和 CdS 量子点在水溶液中的 ECL 被报道（Bae et al., 2006; Ren et al., 2005）。然而，它们的电化学发光均需强碱性条件，这极大地限制了量子点在生物检测方面的应用。第一个被用于传感检测的是 CdSe 量子点，研究者将 CdSe 量子点沉积于石蜡浸渍的石墨电极（PIGE）表面，用 H_2O_2 作为共反应剂增强 CdSe 的阴极发光，在生理 pH 条件下实现了对 H_2O_2 的定量检测（Ju，2004），该工作打开了量子点作为电化学发光体在生物分子检测方面应用的大门。

　　近年来，除了半导体量子点以外，还有很多其他纳米材料被用作电化学发光体，如贵金属纳米簇（AuNCs、AgNCs 及其合金纳米簇）、碳量子点、金属氧化物纳米粒子及金属有机骨架化合物（MOFs）等（Li et al.，2017；Li et al.，2012）。由于贵金属纳米簇只由几个或十几个原子构成，具有类似分子的量化电子能级，因此相比于毒性较大的半导体量子点（如 CdS、CdSe、CdTe），贵金属纳米簇得到了更多研究者的青睐。Ras 等人在有过硫酸根存在的条件下，通过热电子诱导使 AgNCs 产生了电化学发光，然而该电化学发光是在很强的阴极极化条件下得到的，因此很难得到实际应用（Diez et al.，2009）。但是，科研人员依旧没有放弃对贵金属纳米簇电化学发光的研究。后来，Li 及其合作者将 AuNCs 修饰到 ITO 电极表面，并对 $S_2O_8^{2-}$ 进行电化学还原，得到了电化学发光信号，其原理图如图 1-6 所示（Li et al.，2011）。在此过程中 ITO 作为 AuNCs 的还原剂，将电子从 ITO 的导带转移到 AuNCs 的 LUMO 轨道上，对其电化学发光起到了非常重要的作用。他们利用该体系实现了对多巴胺的检测。但是较低的发光效率限制了贵金属纳米簇的电化学发光应用，因此如何提高其电化学发光效率成为研究人员面临的难题。Wang 等人以 *N,N-* 二甲基乙二胺（DEDA）作为共反应剂，通过共价作用将其修饰于硫辛酸保护的 AuNCs 表面，因此发光体与共反应剂的结合很大程度地简化了反应过程中有效自由基传质的过程，极大地提高了自由基利用率，从而大幅提高了金纳米簇的电化学发光效率（Wang et al.，2016）。

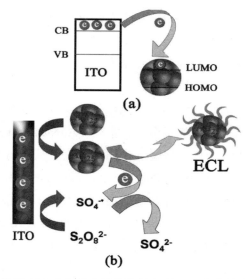

图 1-6　金纳米簇与 ITO 之间的电子转移示意图（a）和金纳米簇的电化学发光机理图（b）

　　金属氧化物纳米材料具有较大的比表面积和高反应活性，因此常被用在传感器的构建中，但在电化学发光领域鲜有报道。CeO_2 是常见的金属氧化物模拟酶，Wei 等人将其负载到金纳米粒子、氧化石墨烯和多壁碳纳米管上，以过硫酸钾作为共反应剂，对 CeO_2 的电化学发光进行了研究，其中金纳米粒子、氧化石墨烯和多壁碳纳米管为 CeO_2 的载体，用于提高其比表面积与导电性（Pang et al., 2015）。由于能带宽与稳定性差等原因，以 Zn 半导体纳米粒子为基础的电化学发光传感器的报道非常少。Wang 等研究人员制备了一种用 ZnO 修饰的氮掺杂石墨烯复合物，用于电化学发光研究，相比于没掺杂氮的 ZnO 石墨烯复合物，ZnO 修饰的氮掺杂石墨烯复合物的电化学发光增强了 4 倍左右，其发光机理如图 1-7 所示（Jiang et al., 2015）。

　　金属有机骨架化合物（MOFs）是一种金属离子与有机配体

通过有序共价结合得到的多孔结构化合物。由于金属配合物是常见的电化学发光体，因此有相同组成且具有快速传质与高电化学活性的 MOFs 化合物是一种很有潜力的电化学发光体。Ru 离子是常见的电化学发光体中心离子，也是常见的金属有机骨架化合物中的中心离子。Yin 小组研究了由一种 Ru 配合物和锌离子组成的具有氧化还原活性的 MOF 结构的电化学发光，并发现其电化学发光与其共反应剂 TPA 浓度呈良好的线性关系（Xu et al., 2015）。相比于直接用有机配体，用有效的电化学发光金属配合物作为配体合成 MOF 结构可得到更高效的电化学发光 MOF 结构。一种以（4,4- 二羧基 -2,2- 联吡啶）钌作为配体，锌离子作为中心离子的 MOF 被合成，并得到了很高的发光效率（Xiong et al., 2015）。MOF 化合物具有多孔结构、高效电催化活性、快速传质且易于修饰等优点，我们相信它在电化学发光检测的各个领域具有很广阔的应用前景。

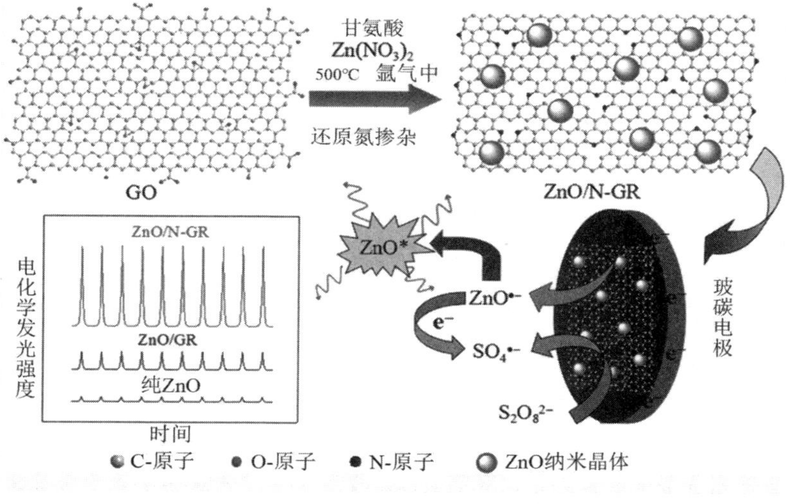

图 1–7　ZnO/N-GR 的制备过程示意图和电化学发光机理图

1.3　新型电化学发光技术

近年来，随着仪器便携化、微型化的发展趋势和现场即时检测的迫切发展需求，各种新技术不断涌现，学科领域与技术的交叉成就了很多高端科研成果。电化学发光作为一种高效、灵敏、可视化的信号输出方式，可作为很多交叉技术领域的信号输出。以此为基础，研究人员们发展了双极电极电化学发光技术、无线输电电化学发光技术及单电极电化学发光技术等。

1.3.1　双极电极电化学发光技术

早在 1969 年，Fleischmann 及其合作者就阐述了流化床电极的概念，该电极可被认为是现在双极电极的前身（Backhurst et al., 1969）。双极电极是一种置于电解质溶液中的导体或半导体，在其两端放置一对驱动电极，以非欧姆接触的方式为双极电极提供适当的电场，在电场作用下使双极电极内部的电子进行移动重排，产生电势差，形成正负极，当电势差足够大时，双极电极两端可发生电化学反应（Gao et al., 2017; Zhang et al., 2017; Bouffier et al., 2016; Zhang et al., 2016; Feng et al., 2014）。与传统的三电极体系相比，双极电极具有操作简单、可控性好、易于集成化、与供电设备无须直接连接等优点，因此被广泛应用于电化学合成、分离与富集和化学生物传感等领域（Fosdick et al., 2013; Loget and Kuhn, 2011; Robbyn K. Anand, 2010）。虽然早在 1969 年便提出了双极电极的概念，但由于监测双极电极上的电流信号非常困难，因此限制了其在电化学分析领域的应用。首次将双极电极技术应用于分析检测领域是在 2001 年由 Manz 等人实现的（Arun Arora, 2001）。他们率先将电化学发光方法与双极电极技术相结合，以

Ru（bpy）$^{3+}$ 的电化学发光信号替代电化学信号输出，为双极电极在电化学分析领域的应用打下了坚实的基础。此后，Crook 和他的合作人证明了双极电极一个极上的电化学反应同样反映了另一个极上的电化学反应情况，该研究为双极定量研究奠定了基础（Wei Zhan, 2002）。因此，双极电极电化学发光体系具备了两种技术的优势，从而被广泛应用于生物及化学分析的各个领域。

　　目前，双极电极电化学发光技术根据分析物与电化学发光体系之间的关系的不同主要分为三种检测模式：①待测物是电化学发光体本身或是其共反应剂，可通过电化学发光信号的采集进行直接检测；②待测物会对电化学发光体系信号产生影响，如淬灭或催化，此时通过检测 ECL 信号的变化可对其进行定量检测；③目标物在双极电极中的一个极上进行电化学反应，而电化学发光反应发生在双极电极的另一个极上，此时电化学发光反应情况可间接反映出对极上的反应情况，从而对目标物进行间接检测。其中，第①、第②种模式可认为是直接检测法，第③种模式则是一种间接检测方法，其原理如图 1-8 所示（Bouffier et al., 2016）。

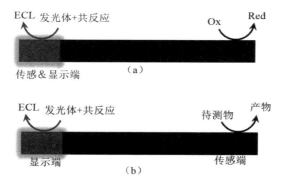

图 1-8　双极电极电化学发光直接检测法（a）和间接检测法（b）的工作示意图

　　目前，双极电化学发光分析技术的研究主要致力于新型微型化检测平台的建设和通过信号放大来提高方法的检测灵敏度（Zhai et al., 2016; Zhang et al., 2015; Wu et al., 2013; Wu et al., 2012）。例如 Wang 等人提出了一种双通道封闭式双极电极体系，其结构如图 1-9 所示（Zhang et al., 2013）。该设计中，研究者将双极电极的阴极 与驱动电极阳极置于同一通道中，双极电极阳极与驱动电极阴极置 于同一通道中，即将双极电极阳极与驱动电极阳极分开在两个通道 中，再将电化学发光试剂加到输出通道中，在工作过程中电流仅通 过双极电极形成回路，因此，其理论电流效率可到达 100%。该平 台不仅有效降低了驱动电极的背景干扰，还避免了待测物与电化学 发光试剂间的相互干扰。他们利用该设计实现了对吡啶钌的共反应 剂三丙胺及其淬灭剂多巴胺和氧化物铁氰化钾的检测。

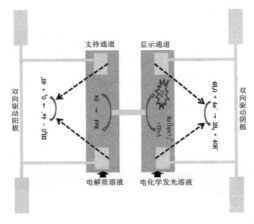

图 1-9 双通道双极电极电化学发光传感平台示意图

在此基础上，Wang 等人设计了一款多通道封闭式双极电极 体系，如图 1-10 所示（Zhang et al., 2014）。在以往的单通道和 双通道双极电极体系中，只能单一地检测氧化物或还原物，很难 实现对氧化物与还原物的同时检测，可是在该多通道体系中可轻 松实现对多种氧化剂与还原剂的同时检测。目前的电化学发光大 部分是在电极表面二维层面上实现的，Sojic 等人利用双极电极理论建立了一种三维层面上的电化学发光体系，从而极大地提高了电化学发光效率。他们将微纳尺度的纳米导体如多壁碳纳米管置于电解质溶液中，通过驱动电极给溶液施加电场，此时每一个微纳级导体都是一个双极电极，电化学发光反应会在每一个微纳级导体上发生，整个溶液都会产生电化学发光，从而大大提高了电化学发光效率（Sentic et al., 2015）。

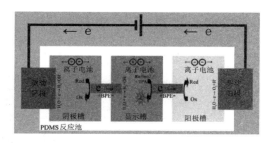

图 1-10 多通道双极电极电化学发光传感平台示意图

1.3.2 无线输电电化学发光技术

无线输电技术是指无须导线将电能从发电装置传送到使用终端的技术。早在 19 世纪末，天才物理学家特斯拉首次提出了无线输电的基本概念。无线输电的方式主要包括：短程电磁感应技术、中程电磁耦合技术和远程微波技术（Cheng et al., 2015）。近年来，无线输电技术无穷的潜力吸引了很多研究者的眼球，并大力发展了其应用，从而使大量无线充电相关设备相继问世，如无线充电台灯、无线充电牙刷、无线充电手机及无线充电的新能源汽车等。无线输电不仅可以简化电路，为人类提供便捷的生活，更能通过减少外部连接线来避免多种安全隐患。虽然双极电极具有无线连接的特质，但其驱动电极仍需要与外部电源直接连接，与此同时，双极电极的驱动电极的背景干扰较大，因此，发展一种新型无线电化学发光技术是很有必要的。我们研究组率先将无线输电技术引入了电化学分析检测领域，并首次提出了无线输电电化学发光技术的概念。在无线充电牙刷的启发下，设计了一款无线输电电化学发光微型设备，如图 1-11 所示（Qi et al., 2014）。它利用短程的电磁感应技术作为无线传输模式。该设备具有一个电源无线发射端，一个无线接收线圈和与无线接收线圈连接的两个电极。这样就可以有效避免电源与电极之间直接接触，从而实现便携式无线输电电化学发光器件的开发。利用该设备我们实现了简单电化学发光体系的分析检测。该设备的开发给便携式电化学发光检测器件提供了新的发展思路。

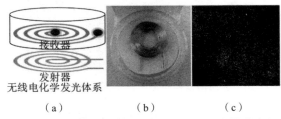

（a） （b） （c）

图 1-11 无线输电电化学发光体系示意图（a），无线输电电化学发光体系照片（b）和电化学发光照片（c）

1.3.3 单电极电化学发光技术

常见的电化学体系主要包括三电极（工作电极、对电极、参比电极）和双电极（仅工作电极和对电极）体系（Sun et al., 2017）。2018 年年初，我们研究小组率先提出了单电极电化学体系的新概念（Gao et al., 2018）。所谓单电极体系，就是反应体系中只有一个电极，即仅有工作电极。该单电极体系由一块电极板及绝缘自粘附的带孔塑料薄膜组成，塑料薄膜上的孔洞被用作微型电化学反应池，如图 1-12（a）所示。单电极电化学体系的工作原理和等效电路示分别如图 1-12（b）和图 1-12（c）所示。将电解质溶液加入电解池后，在电极板两端施加电压（E_{tot}），电极中电子在电场作用下进行重排产生电流，由于电极本身的电阻而会在电极板上产生一定的电势梯度（dE/dx）（Kwok-Fan,2008）。总电流（i_{tot}）是电极板内电流（i_e）和电化学反应池溶液电流（i_c）的总和（Robbyn et al., 2010），相应的电流大小依赖电化学反应池中电解质溶液电阻（R_c）和反应池底部电极板电阻（R_e）的相对比例，关系式如方程（1.1）所示。R_e 的数值越大，则 i_c 的相对值越大。当 R_c 比 R_e 大很多时，绝大部分电流由电极板进行传导，此时，电解池中的电场强度可以认为是均等的。电化学反应池两端的电势差（ΔE_c）是外加电压 E_{tot} 的一部分，且该电势差的大小与电化学反应池长度（L_c）与电极表面粘附的绝缘塑料薄膜总长度（L_e）有关系，关系式如方程（1.2）所示。因此，当 ΔE_c 满足反应所需电压时，电化学反应池两端发生电化学反应：

$$i_c/i_{tot}=1-i_e/i_{tot}=R_e/（R_e+R_c）\qquad（1.1）$$

$$\Delta E_c=E_{tot}L_c/L_e\qquad（1.2）$$

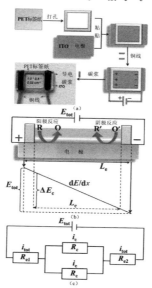

图 1-12　（a）单电极体系的制作流程和结构示意图，（b）单电极体系的原理图和（c）单电极体系的等效电路图

由于单电极电化学体系的结构优势，在大片电极板上粘贴具有多个孔洞的塑料薄膜作为电化学阵列芯片，利用电化学发光方法作为信号输出，以数码相机、智能手机等进行信号采集，从而可实现多通道高通量的分析检测。将单电极电化学体系与智能手机相结合，我们实现了对鲁米诺 - 过氧化氢体系的高通量检测，并实现了对尿酸、葡萄糖、过氧化氢等物质的多通道同时检测。

1.4 电化学发光的分析应用

1.4.1 金属离子的检测

无机金属离子的过剩与缺乏都会对人类健康与环境安全产生深远的影响，因此对于金属离子的精确检测至关重要。铅离子与汞离子是常见的重金属污染物，它们在水体、土壤与生物体中是无法被降解的，而且会通过生物链在人体中沉积，从而对人体造成巨大的伤害（Needleman, 2004; Harris et al., 2003）。例如铅离子会与蛋白质表面巯基进行结合影响正常的生理过程，并对人体各个部位及器官造成损伤，从而导致关节炎症、贫血、中枢神经损伤等（Hao and Wang, 2016; Lei et al., 2015; Needleman, 2004）。因此，研究人员研发了各种各样的电化学发光传感器用于精确检测重金属离子。一种信号减弱电化学发光 DNA 传感器被研发并用于 Pb^{2+} 的检测（Li et al., 2015）。他们将 CdS 量子点和捕获探针固定到修饰了枝状金纳米晶的 ITO 电极表面，当加入 Pb^{2+} 时，捕获探针中对 Pb^{2+} 具有特殊识别性的 DNA 酶被激活，从而使连接在互补链另一端的具有过氧化物模拟酶性质的 Ag/ZnO 复合材料接近电极表面，催化过氧化氢分解，减少电化学发光共反应剂，从而降低体系电化学发光强度，实现对 Pb²⁺ 的检测。Yu 等人设计了一种比色 - 电化学发光双检测的十字形纸基分析检测器件（Xu et al., 2018），其结构与机理如图 1-13 所示。他们将葡萄糖氧化酶（GOx）包裹的还原石墨烯氧化物（rGO）和 PdAu 纳米材料的复合材料（rGO-PdAu-GOx）修饰于对 Pb²⁺ 特异性识别的 DNA 酶的互补链一端，当有 Pb²⁺ 时激活 DNA 酶，释放 rGO-PdAu-GOx，对葡萄糖进行氧化产生过氧化氢，以鲁米诺和四甲基联苯胺（TMB）分别为 ECL 和比色试剂，从而达到检测 Pb²⁺ 的目的。Yuan 等人还研发了一种基于原位电聚合氮掺杂碳量子点的电化学发光传感器（Xiong et al., 2016）。他们利用原位电聚合的氮掺杂碳量子点作为电化学发光体，以 Pd@Au 六八面体作为增强剂，在电极表面形成 Pd@Au-DNA 枝状结构，极大地增强氮掺杂碳量子点的电化学发光信号。在有 Pb²⁺ 存在时，Pd@Au-DNA 枝状结构被破坏，形成 Pb²⁺ 的 G- 四连体，从而降低电化学发光信号，完成检测。

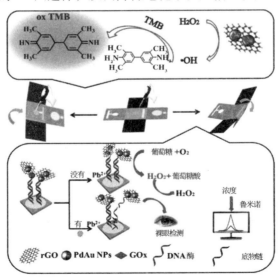

图 1-13 十字形纸基分析检测器件制作流程图和双模式传感检测机理图

除了 Pb^{2+}，Hg^{2+} 也是一个具有毒性的重金属离子。它在人体内长期沉积，会对人体器官、神经和免疫系统造成不可逆损伤（Driscoll et al., 2013; Harris et al., 2003）。由于胸腺嘧啶可与汞离子形成稳定的 T-Hg^{2+}-T 结构，因此基于该结构的大量电化学发光传感器被报道（Babamiri et al., 2018; Lei et al., 2018; Li et al., 2016; Huang et al., 2015）。Lu 等人研发了一种具有高强度电子转移界面的电化学发光传感器用于 Hg^{2+} 的检测（Li et al., 2016）。Hg^{2+} 诱导具有丰富 T 碱基的 DNA 杂交形成 T-Hg^{2+}-T 结构，具有该结构的双链 DNA 表现出良好的电子转移性能，可有效增强电化学发光信号，从而实现对 Hg^{2+} 的检测。Huang 等人发展了一种双功能寡核苷酸探针用于 Hg^{2+} 的电化学发光检测。他们首先将对 Hg^{2+} 有特异性识别的寡核苷酸修饰到 AuNPs 表面，并修饰于 ITO 电极表面；当有 Hg^{2+} 存在时，由于 Hg^{2+} 与寡核苷酸上的 T 碱基形成 T-Hg^{2+}-T 结构，从而使寡核苷酸链由直链状态转变为发夹结构，另外，该寡核苷酸不仅作为探针用于 Hg^{2+} 的特异性识别，也作为电化学发光分子的载体，通过 Hg^{2+} 诱导寡核苷酸构型变化使发光分子接近电极表面，增强电化学发光强度，从而实现对 Hg^{2+} 的高效检测（Huang et al., 2015）。Hallaj 等人发展了一种电化学发光能量共振转移（ECL-RET）方法实现了对 Hg^{2+} 的超灵敏检测，其检测限可达 2aM，其机理如图 1-14 所示（Babamiri et al., 2018）。该电化学发光能量共振转移方法包括两个"开"和一个"关"的过程：首先，他们将具有丰富 T 碱基的 ssDNA（S_1）修饰到 Fe_3O_4@SiO_2/dendrimers/QDs 复合物上，该复合物可增强电化学发光强度，实现第一个"开"；其次，将 S_1 互补链（S_2）修饰到 AuNPs 表面，当两个链杂交形成双链时 QDs 的电化学发光会被淬灭，实现"关"的过程；当有 Hg^{2+} 存在时，Hg^{2+} 与 S_1 上的 T 碱基形成 T-Hg^{2+}-T 结构，释放出 AuNPs-S_2，从而恢复电化学发光，实现第二个"开"的过程，从而实现对 Hg^{2+} 的高灵敏检测。

由于 Co^{2+}、Zn^{2+}、K^+、Fe^{3+}、Ag^+、Ni^{2+}、Cu^{2+} 等金属离子同样对生物体与环境有很重要的影响，因此，近年来相关离子检测的传感器得到了大力发展（Li et al., 2018; Yu, 2018; Chen et al., 2016; Gao et al., 2016; Lei et al., 2016; Liu et al., 2016; Yang et al., 2016; He et al., 2013）。Co^{2+} 是维生素 B_{12} 的主要成分，在生物体中起着至关重要的作用。Li 等人研发了一种双电位比率电化学发光传感器用于检测 Co^{2+}（Chen et al., 2016）。他们发现氮掺杂的石墨烯量子点（NGQDs）在有溶解氧的条件下正负电位处均有电化学发光，当有 Co^{2+} 存在时，NGQDs 的阳极电化学发光得到大约 15 倍的增强，而阴极电化学发光却明显减弱。因此，利用双电位处的电化学发光信号比率实现了对 Co^{2+} 的检测。Zn^{2+} 是除了铁离子外在人体中含量最多的过渡金属离子，它参与了很多生物体中的生理过程，如基因表达、蛋白间的相互作用和神经传递等（Ying Zhou et al., 2012; Andreas et al., 2005; Jiang et al., 2002; Berg and Shi, 1996）。Liu 等人提出了一种简单的选择性检测 Zn^{2+} 的电化学发光方法（Gao et al., 2016）。由于 Zn^{2+} 可以有效增强 Ru（phen）$_3^{2+}$/邻二氮杂菲体系的电化学发光信号，从而可实现对 Zn^{2+} 的检测。

K^+ 在人体生理代谢过程中具有举足轻重的作用，因此建立有效的 K^+ 检测平台非常重要。Xu 小组研发了一种基于 CdS 量子点与 AuNPs 之间的电化学发光能量共振转移的传感器（He et al., 2013），其工作原理如图 1-15 所示。他们利用凝血酶结合的寡核苷酸控制 CdS 量子点和 AuNPs 之间的距离，当有 K^+ 存在时，寡核苷酸进行折叠产生 G- 四联体，从而缩短 CdS 量子点和 AuNPs 之间的距离，产生电化学发光能量共振转移，降低电化学发光信号，从而实现对 K⁺ 的定量检测。

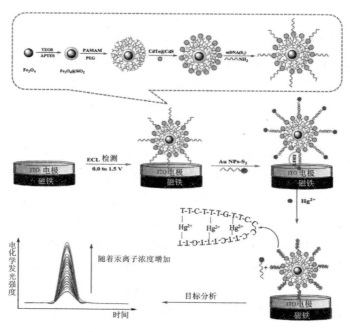

图 1–14　汞离子检测 ECL 生物传感机理图

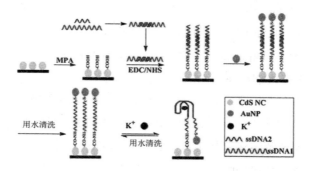

图 1–15　基于 CdS NCs 和 AuNPs 能量共振转移的 K⁺ 检测
ECL 生物传感示意图

1.4.2 有机物及无机小分子的检测

很多小分子可以作为不同电化学发光试剂的共反应剂增强其电化学发光强度，从而实现对小分子的电化学发光检测。例如过氧化氢、过硫酸盐、氧气等无机小分子，还有醛类、醇类、胺类、有机酸、氨基酸等有机分子（Yuan et al., 2012; Zheng et al., 2009; Choi and Bard, 2005; Xu and Dong, 2000）。还有一部分物质是作为体系电化学发光淬灭剂，通过抑制体系电化学发光信号实现定量检测，如苯酚类物质、儿茶酚、苯胺、苯醌、没食子酸等有机分子会对 Ru（bpy）$_3^{2+}$/TPA 体系电化学发光产生抑制（Cui et al., 2005; McCall, 1999）；抗坏血酸、多巴胺等生物分子会对鲁米诺的电化学发光进行淬灭。除此之外，由于过氧化氢和烟酰胺腺嘌呤二核苷酸（NADH，还原型辅酶）是很多酶反应的产物，而且可有效增强鲁米诺和 Ru（bpy）$_3^{2+}$ 体系的电化学发光信号，因此可以通过间接检测法实现很多酶底物的检测（Chen et al., 2009; Marquette, 2003）。

有机磷酸酯类物质（OPs）对人体的损害与环境的污染引起了人们极大的重视。因此，建立高效的 OPs 检测方法是尤为重要的。Wang 等人研发了一种新型智能 ECL 开关型的有机磷酸酯类检测传感器（Du et al., 2015），其工作原理如图 1-16 所示。他们利用目标杀虫剂分子与酞菁钴（CoPc）修饰的石墨烯氧化物之间的特异性作用，并用乙醇作为超氧自由基捕获剂，产生了鲁米诺体系的"开—关—开"的 ECL 信号变化，实现了对有机磷酸酯类物质的检测。Yuan 小组利用 β - 环糊精修饰的 g-C$_3$N$_4$ 作为发光体建立了基于 OPs 酶抑制作用的 OPs 灵敏检测平台（Wang et al., 2016）。在该方法中，他们利用了乙酰胆碱酯酶水解硫代乙酰胆碱酯产生乙酸的酶反应，而乙酸可以消耗作为共反应剂的三乙胺。当有 OPs 存在时，OPs 能有效抑制乙酰胆碱酯酶对硫代乙酰胆碱酯的酶反应，减少乙酸生成，从而减少三乙胺的消耗，实现 g-C$_3$N$_4$ 的 ECL 信号恢复，从而实现对 OPs 的检测。

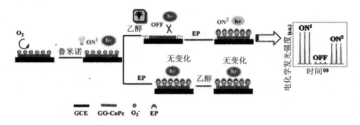

图 1-16　加入乙醇和 EP 前后处于"开—关—开"状态的 ECL 传感示意图

1.4.3　DNA分析检测

DNA 是生物体内遗传物质的基础，建立 DNA 的准确灵敏检测方法在医学诊断、司法鉴定、环境调查、药物研究和生物战争试剂等多个领域都有重大的意义。电化学发光作为一种高灵敏、低背景、快速简单的分析手段，被广泛用于 DNA 分析中（Rizwan et al., 2018; Han et al., 2016; Zhang et al., 2014; Wei and Wang, 2011）。

目前所发展的电化学发光 DNA 检测传感主要包括标记型和免标记型两种模式。其中，常用的是标记型的电化学发光传感器。标记型传感器又分为直接标记与间接标记两种模式。直接标记型的电化学发光 DNA 传感主要是通过将发光试剂分子直接连接于单链 DNA 上，通过捕获目标 DNA 引起的 ECL 信号变化来实现 DNA 分析。Zhang 小组基于多壁碳纳米管对 Ru（bpy）$_3^{2+}$/TPA 体系电化学发光的淬灭作用建立了一种 DNA 分析传感（Tang et al., 2013），原理如图 1-17 所示。他们在捕获单链 DNA 末端修饰上 Ru（bpy）$_3^{2+}$ 分子，再将其连接于多壁碳纳米管上，此时，由于

单链 DNA 可自组装到多壁碳纳米管上，从而拉近 Ru（bpy）$_3^{2+}$
分子与多壁碳纳米管之间的距离，使电化学发光信号淬灭；当目
标 DNA 出现时，捕获 DNA 与目标 DNA 进行配对形成双链，此
时双链 DNA 具有一定的刚性，因此使 Ru（bpy）$_3^{2+}$ 分子与多壁
碳纳米管之间的距离增加，从而重新点亮 ECL 信号。发夹型单
链 DNA 也是一种通过距离控制来实现发光信号变化的探针分子。
另一个 Zhang 小组将标记有 Ru 发光分子的发夹型单链 DNA 修
饰于金电极表面，当没有目标 DNA 时，信号分子离电极表面近，
ECL 信号较强，当有目标 DNA 时，目标 DNA 与发夹型单链
DNA 配对，使原有构型被破坏，信号分子远离电极表面，从而
使 ECL 信号减弱（Zhang et al., 2008）。直接标记法中一个单链
DNA 上只有一个电化学发光信号分子，因此 ECL 信号较弱，所
以可以通过间接标记法设计 DNA 传感。间接标记法是将信号分
子先修饰到一些纳米材料表面，如金纳米粒子、石墨烯等，再在
探针 DNA 一端连接修饰信号分子的纳米材料，由于纳米材料表
面的信号分子数量较多且对一些电化学发光体系具有催化作用，
可实现更灵敏的 DNA 检测。Xing 等人在半胱氨酸保护的金纳米
粒子上同时标记 Ru（bpy）$_3^{2+}$ 和探针 DNA，再将与目标 DNA 部
分互补的第二个探针 DNA 一端修饰上生物素，在有目标 DNA 存
在时形成三明治结构，第二个 DNA 探针与链霉亲和素标记的磁
微球相连接，通过磁性吸附将标有信号分子的复合物吸附到电极
表面，从而实现 DNA 检测（Duan et al., 2010）。

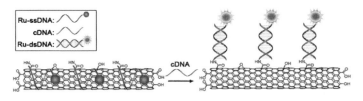

图 1-17 基于 Ru-ssDNA/MWNT 的 DNA 传感示意图

相比于标记型传感，免标记电化学发光 DNA 传感器具有简单快速、成本低、易操作等优点。Yuan 等人通过 DNA 杂交链式反应放大信号，实现了固定序列 DNA 的 fM 级检测（Chen et al., 2012），其原理如图 1-18 所示。他们将捕获 DNA 修饰到金电极表面，当有目标 DNA 存在时，两个部分互补的发夹型 DNA 持续反应，生成双链 DNA 聚合物，由于大量 Ru（phen）$_3^{2+}$ 分子可嵌入双链 DNA 中，从而实现目标 DNA 的检测。Zhang 等人还制备了一种包含二氧化硅溶胶、壳聚糖和 Ru（bpy）$_3^{2+}$ 分子的纳米孔道薄膜材料（Xiong and Zheng, 2014）。他们将探针 DNA 通过与壳聚糖间的强相互作用修饰在薄膜上覆盖住纳米孔道，阻止 Ru（bpy）$_3^{2+}$ 分子进入溶液；当有目标 DNA 存在时，探针 DNA 与目标 DNA 结合，从薄膜上剥离，放出信号分子，在有共反应剂的条件下 ECL 信号得到增强，从而实现了 DNA 检测。

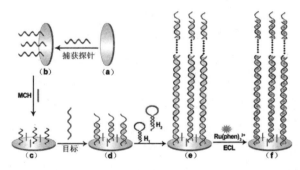

图 1-18　基于 HCR 技术的高灵敏检测 DNA 的 ECL 传感示意图

1.4.4　免疫分析检测

免疫分析是电化学发光的重要应用之一。将电化学发光的低背景、高灵敏、简单可控的优点与免疫分析中抗原抗体之间的特异性识别相结合，可实现对多种临床分析物的检测（Rizwan et al., 2018; Zhang et al., 2014; Wei and Wang, 2011）。在临床诊断中，对于不同疾病的生物标记物进行准确检测是至关重要的。癌症肿瘤是威胁人类生命的重大疾病之一，因此准确检测肿瘤特异性标记物对于癌症的早期诊断与治疗有重大意义。目前，广泛用于研究的癌症标记物主要有前列腺特异性抗原（PSA）、癌胚抗原（CEA）、甲胎蛋白（AFP）等。前列腺特异性抗原（PSA）是目前早期诊断前列腺癌最好的血清标记物。Wei 等人利用银纳米粒子掺杂的 Pb（Ⅱ）-β-环糊精金属有机骨架复合物作为基质，研发了一种新型免标记检测 PSA 的电化学发光免疫传感器（Ma et al., 2016）。首先，他们合成了具有电化学发光性质的 Pb（Ⅱ）-β-CD MOF 材料，银离子在该材料表面可被还原为银纳米粒子，形成 Ag@Pb（Ⅱ）-β-CD 复合材料，该材料依旧保留原有的电化学发光性能；他们将 Ag@Pb（Ⅱ）-β-CD 复合材料修饰于玻碳电极表面，由于银纳米粒子的存在，可将 PSA 的捕获抗体修饰其上，当有 PSA 存在时，PSA 与抗体特异性识别连接到电极表面，降低了 ECL 信号，从而实现对 PSA 的定量检测。随后，Wei 等人还研发了一种三明治型电化学发光免疫分析传感器（Zhao et al., 2016）。氨基石墨烯和金纳米粒子功能化的 CeO_2 纳米粒子（NH_2-Gr/Au@CeO_2）展现出了很好的电化学发光活性，并且该材料的 ECL 信号可被 Bi_2S_3 有效地淬灭。因此，他们利用该材料作为电化学发光体，并将 PSA 一级抗体修饰其上；在 Bi_2S_3 功能化的 Ag 纳米粒子上修饰 PSA 的二级抗体，当有 PSA 存在时，形成三明治结构，淬灭体系 ECL 信号，从而进行 PSA 的检测。Du 等人还利用 $EuPO_4$ 纳米线的电化学发光活性建立了检测 PSA 的免标记电化学发光传感平台（Ma et al., 2016）。除此之外，Yuan 小组还研发了一种自增强信号放大的电化学发光免疫分析传感器（Wang et al., 2015）。他们利用一种 β-葡聚糖作为还原剂与稳定剂绿色合成了 Pd 纳米线，该纳米线被用作聚酰胺胺（PAMAM）

枝状大分子的载体，将 Ru（dcbpy）$_3^{2+}$ 富集到枝状大分子上，形成 PdNWs–PAMAM–Ru 复合物。该复合物中包含了电化学发光体与其共反应剂（胺基），是一个具有自增强功能的电化学发光材料。他们用该材料作为 ECL 信号追踪，AuNP 作为电极材料，研发了检测 CEA 的三明治夹心型免疫传感器，其原理如图 1-19 所示。

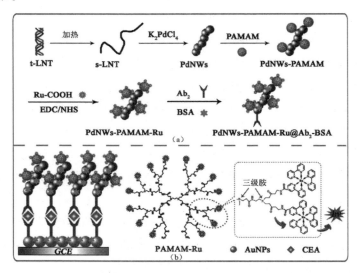

图 1-19　（a）PdNWs–PAMAM–Ru@Ab$_2$–BSA 复合物的制备过程和（b）ECL 传感器工作机理示意图

1.5　电化学反应－收集体系

反应－收集体系（generator-collector system）是一种包含两个工作电极的电化学装置，其中一个电极被称作反应电极，分析物在其表面进行电化学氧化或还原反应，而后，反应电极上的产物被传质到第二个工作电极——收集电极表面。收集电极常被施加固定电位将反应电极上的产物通过电化学反应进行转化，转化的产物可能是其初始的物质，也可能是别的物质（Edward et al., 2012; Fisher and Compton 1991; Albery and Stanley, 1966; Albery et al., 1966）。

反应电极表面反应方程：$A \pm e^- \rightarrow B$

收集电极表面反应方程：$B \pm e^- \rightarrow C$ 或 A

反映反应－收集体系性能的一个重要参数是收集系数（N）（Edward et al., 2012; Fisher and Compton 1991; Nekrasov, 1973）。收集系数被定义为收集电极的极限电流与反应电极的极限电流的比值。理论上，其数值越接近1，证明其灵敏度越高，即对反应产物的收集越完全。但由于反应产物向收集电极的传质不仅受对流的影响，还会受扩散的影响，因此总会有部分反应产物损失，无法进行100%的收集。

反应－收集体系是一种电化学基础理论研究中经常使用的装置。它们常被用于均相动力学、反应机理、离子的相界面传输、金属溶出以及分析检测等研究领域（Dale et al., 2012; Shrestha et al., 2011; Menshykau et al., 2010; Sasaki and Maeda, 2010; Sasaki et al., 2010; Vagin et al., 2010; French et al., 2009; Phillips and Stone,1997; Fisher and Compton,1991; Patrick, 1991; Albery and Brett, 1983; Aoki et al., 1977; Stanley, 1977; Nekrasov, 1973; Albery and Stanley, 1966; Albery et al., 1966）。由于该体系在基础研究中占据非常重要的地位，越来越多不同形状、不同传质方式的新型反应－收集体系被提出并应用，主要包括经典旋转环盘电极、壁射流环盘电极、双通道流动电极、交叉式电极阵列、双盘／半球电极、环／凹平面盘电极等。

1.5.1　经典旋转环盘电极

旋转环盘电极（rotating ring-disk electrode，RRDE）是第一个被提出的反应－收集体系。自从 20 世纪 50 年代 Nekrasov 首次提出旋转环盘电极概念以来，大量关于该电极的报道不断涌现。旋转环盘电极由一对具有高度同轴性的盘电极与环电极组成，电极截面如图 1-20 所示，环盘电极之间由绝缘性优良的电极外壳材料分隔（Stanley, 1977; Nekrasov, 1973）。当电极在溶液中旋转时，溶液流动方向可分解为三个方向：一是由离心力产生的向外径向流动；二是由溶液自身黏度与电极之间相互作用，随着电极旋转产生的切向流动；三是由于径向流动在电极中心产生负压，从而溶液由本体向电极表面流动的轴向流动。旋转环盘电极的传质主要依赖于溶液的径向流动，即反应物在中心盘电极表面进行反应生成的产物由径向液流传质到收集电极表面得到信号响应（Hu, 2007）。根据 Albery 等人的研究，旋转环盘电极的收集系数仅仅是电极尺寸的函数，图 1-20 中的 r_1、r_2、r_3 均为确定值时，其收集系数则为确定值，与转速等外界因素无关，且收集系数 N 值随着环盘电极间距减小而变大，随着环电极尺寸增加而变大（Albery et al., 1969; Albery et al., 1968; Albery and Bruckenstein, 1966; Albery and Bruckenstein, 1966; Albery and Stanley, 1966）。

旋转环盘电极作为经典的反应－收集体系被广泛应用于各种动力学研究中。氧还原反应是燃料电池的阴极反应，为了提高燃料电池的电池效率并降低成本，对氧还原反应机理进行研究非常重要。自 1960 年起，大量利用 RRDE 研究氧还原反应机理的研究成果被报道。科研人员认为过氧化氢是氧还原过程中的一个反应中间体，他们利用 RRDE 对氧还原反应过程中生成的过氧化氢进行收集，确定了氧还原过程中过氧化氢的存在，并提出不同电极材料可调控过氧化氢的产量，从而对阴极氧还原反应过程进行有效控制（Damjanovic et al., 1967; Damjanovic et al., 1967; Damjanovic et al., 1966; Damjanovic et al., 1966）。因此，RRDE 是对新型纳米催化剂电催化性能表征的最有效的方法（Jiao et al., 2015; Wu et al., 2012; Kramm et al., 2011）。

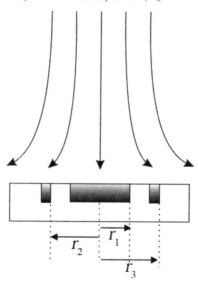

图 1-20　RRDE 体系的横截面示意图

1.5.2　壁射流环盘电极

　　壁射流环盘电极（wall jet ring-disk electrode，WJRDE）的结构与旋转环盘电极相似，都是由一对同轴的圆盘和环电极组成，结构如图 1-21 所示（Yang et al., 2011; Sue et al., 2008; Compton et al., 1993; Compton et al., 1992; Brett et al., 1991; Brett and Neto, 1989; Albery et al., 1986; Albery and Brett, 1983）。旋转环盘电极是通过旋转电极产生强制对流进行传质，然而壁射流环盘电极则是通过将待测物溶液用喷嘴喷射至中心盘电极表面，再由喷射力

作用向外围的环电极进行放射性扩散，从而将反应产物传到环电极。WJRDE 与 RRDE 最大的差别在于 RRDE 表面电流密度相同，而 WJRDE 的盘电极面积远比喷射流大，因此其电极表面电流密度呈放射性变化（Albery and Brett, 1983）。Albery 等人同样研究了 WJRDE 的收集系数，与相同尺寸的 RRDE 的收集系数相比，其收集系数值相对较小（Albery and Brett, 1983）。作为一种新型的反应－收集体系，在均相反应速率常数测定、饮用水中有毒物质检测和锌－空气电池阴极应用等领域展现了很好的应用前景。例如 Zen 等人利用丝网印刷技术与流动注射相结合制作了壁射流环盘电极体系，将其应用于检测水中有毒砷含量（Sue et al., 2008）。他们将 WJRDE 置于溶有 As_2O_3 的水溶液中，喷嘴中是碘离子溶液，当用碘离子溶液喷射盘电极时，碘离子被氧化为碘单质，然后碘单质在环电极表面被还原为碘离子，然而溶液里的 As_2O_3 会消耗部分氧化产物碘单质，因此环电流会因为部分氧化产物的损耗而减小，从而实现定量检测。

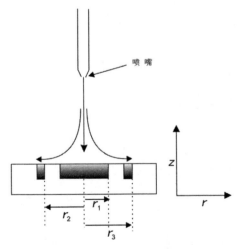

图 1-21　WJRDE 体系的横截面示意图

1.5.3　双通道流动电极

双通道流动电极（dual channel flow electrode，DCFE）是将反应电极与收集电极放置于一个可以由液流通过的通道内，反应电极在液流流动方向上游处，收集电极在液流流动方向下游处，通过液流流动方向进行传质，从而实现检测，其结构如图 1-22 所示（Sasaki and Maeda, 2010; Amatore et al., 2008; Paixao et al., 2003; Cooper and Compton, 1998; Alden and Compton, 1996;Fisher and Compton 1991; Patrick, 1991; Compton and Stearn, 1988; Aoki et al., 1977）。该体系易于制作，且具有 RRDE 和 WJRDE 所不具备的优点：①具有宽的流速范围，其流速为 $10^{-4}\sim10^{-1}$cm^3 s^{-1}，在高压高流速体系中流速可达到 10cm^3 s^{-1}；②当溶液流过电极时不会形成停滞区，减少溶液的污染；③具有较好的信噪比；④由于其独特的结构设计，DCFE 很适合于微流控现象的研究（Amatore et al., 2008; Klymenko et al., 2007; Amatore et al., 2005; Amatore et al., 2004; Cooper and Compton, 1998; Coles et al., 1996）。

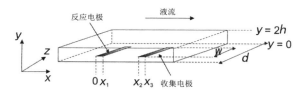

图 1-22　DCFE 体系的结构示意图

DCFE 作为一种反应－收集体系常被用于复杂反应机理、金属电极溶出、非导电性材料溶出等领域。例如通过 DCFE 研究复杂机理 ECE 和 DISP1 过程，在上游电极（反应电极）上施加一种电位，驱动不同反应发生，而在下游电极（收集电极）上施加不同电位，当流速在一定范围内时 ECE 和 DISP1 过程得到的收集系数相差很多，从而对反应过程机理进行区别（Patrick,

1991）。DCFE近年来还被用于很多金属的氧化溶出研究（Shrestha et al., 2011; Sasaki and Maeda, 2010; Sasaki et al., 2010）。将金属或合金制作的电极当作反应电极施加一定电位使其氧化溶出，通过液流方向将溶出产物传输至收集电极被还原检测，从而实现金属溶出过程机理的研究。除此之外，DCFE还被用于非导电性固体材料的溶解研究，Compton 和 Unwin 等人利用该装置研究了方解石在水溶液中的溶解（Compton et al., 1989）。他们用方解石替代反应电极，而后以 HCl 水溶液作为液流，在收集电极上施加固定电位对剩余 H^+ 进行还原，通过不同流速下收集电极上的还原电流可得到该过程中的动力学参数。在此基础上，Compton 和 Pritchard 利用该装置研究了金属离子在方解石上的吸附作用，用金属铜作为反应电极，而后在反应与收集电极之间放置方解石，通过对比该体系的理论收集系数与实际收集系数的变化来进行铜离子在方解石上吸附作用的研究（Compton and Pritchard, 1990）。

1.5.4　交叉式电极阵列

交叉式电极阵列（interdigitated electrodes array）是一种被广泛应用的、只靠扩散驱动的反应–收集体系（P.Tomčík et al., 1997; Bustin et al., 1995）。由于缺少强制对流来传质，该体系通过减少反应与收集电极之间的距离来进行补偿，其间距在微米数量级，从而利用扩散传质实现检测目的，其结构如图 1-23 所示，由两组"梳子"形状的阵列电极，以交叉的形式排列组成。该电极阵列可以实现很高的收集效率，其数值可接近 1，达到近 100% 的收集效率（Jenčušová et al., 2006）。由于交叉式电极阵列具有很高的收集效率和固有的氧化还原反馈机制，常被用于电化学活性物质的灵敏检测。交叉式电极阵列除了通过氧化还原循环放大电流信号提高灵敏度以外，Aoki 等人通过该平台利用计时电流法同时检测了扩散系数和电化学活性物质的体积浓度（Aoki and Tanaka, 1989; Aoki, 1988）。

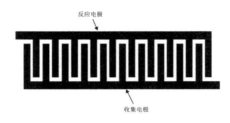

图 1-23　交叉式电极阵列的结构示意图

1.5.5　双盘/半球电极

1997 年 Matysik 首 次 报 道 了 双 微 盘 电 极（dual disk electrodes）（Matysik, 1997），如图 1-24（a）所示，它是由两个相距很近（其间距在微米级或更小）的微盘电极组成的，该体系制作非常简单。根据需要，该双盘电极体系可改进成双半球电极体系（dual hemisphere electrodes）。Marken 和他的合伙人在钾金二氰化物溶液中通过电沉积方法将金沉积到双盘电极上形成双半球电极，双半球电极的结构如图 1-24（b）所示（French et al., 2009; French and Marken, 2008）。近年来，Marken 等人将该反应 - 收集体系用于微量物质的检测（Dale et al., 2012）。经典的反应 - 收集体系中收集电极上施加的一般都是恒电位，因此不会出现非法拉第电流，从而背景电流很低。以此为基础，他们将双半球电极应用于对苯二酚和多巴胺的检测中，实现了其低浓度检测。利用双半球电极体系很容易实现三相界面的建立，因此可将其应用于离子在液液界面转移的研究。Marken 等人将一滴具有电化学活性的 DDPD（N,N-diethyl-N_0,N_0-didocdecylphenylenediamine）置于两个金半球电极之间，并将其浸在 0.2 M NaClO₄ 水溶液中，形成油水界面（French et al., 2009）。在反应电极上进行循环伏安扫描，并对收集电极施加固定电位，通过反应－收集电极上电流－电位曲线对 DDPD⁺ 在不同介质中传递的过程进行了研究。

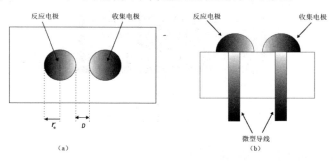

图 1-24　双微盘电极（a）和双半球电极（b）的结构示意图

1.5.6　环/凹平面盘电极

　　环/凹平面盘电极（ring plane-recessed disk electrode）是相对较新的电化学反应－收集体系。其结构如图 1-25 所示，将微盘电极嵌入绝缘外壳中，将环电极置于凹槽顶部边缘（Menshykau et al., 2009）。由于反应物在反应电极（盘电极）表面进行反应后的产物只能通过纵向扩散传质到收集电极（环电极）处被收集，因此该体系的收集系数值很高，收集效率很高。除此之外，该反应－收集系统的制作很简单，可通过光刻蚀技术制备。Menskykau 和他的合伙人对该体系的收集系数进行了理论模拟，发现其收集系数与电极的几何尺寸有关，随着凹面的深度减小，环电极的尺寸增加，体系的收集系数提高（Menshykau et al., 2009）。近年来，该反应－收集体系被用在高选择性检测多巴胺上（Zhu et al., 2011）。在生物体内，多巴胺与抗坏血酸总是同时存在，因此建立在有抗坏血酸的条件下选择性检测多巴胺的方法是非常有必要的。该体系中的收集电极不仅可以通过反馈增强多巴胺的电化学信号，还能阻止抗坏血酸达到反应电极，影响其循环伏安曲线。

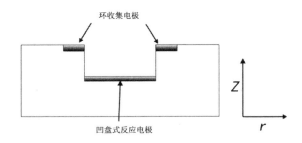

图 1-25　环/凹平面盘电极的结构示意图

1.6　电化学发光方法的机遇与挑战

自 20 世纪 60 年代第一篇电化学发光的详尽报道发表以来，电化学发光在电分析化学领域中一直受到广泛关注。作为一种传统的分析方法，它有较为成熟的理论基础，还具有背景干扰小、灵敏度高、操作简单、可控性好、检测速度快、易于可视化等优点，因此被广泛应用于生物分析、药物检测、临床诊断及食品环境监测等领域。随着各个领域的蓬勃发展，电化学发光方法在不同领域遇到了新的机遇与挑战：①电化学发光方法的选择性是该方法的一大问题，提高其选择性依然是该领域的一个重要研究方向；②目前所知的大部分发光体系均是在较强碱性条件下实现发光，在温和条件下实现发光的发光体系较少，因此建立温和条件下高发光效率的电化学发光体系是很重要研究的；③电化学发光作为一种信号输出方式常与其他技术相结合实现对目标物的检测，因此提高方法的信号输出强度及灵敏度仍是重中之重；④由于电化学发光具有很高的可控性与灵敏度，因此近年来在成像分析领域中展现出很大的优势，并受到了广泛的关注；⑤随着分析领域的发展，现场即时检测的需求，发展便携式、集成化的电化学发光微小实验平台是该领域新的发展方向，也会成为今后的重要发展领域。因此，未来，电化学发光方法将以新的方式在电分析化学领域继续蓬勃发展。

1.7　研究意义及目的

电化学发光是一种传统的分析方法，它不仅有较为成熟的理论基础，还具有背景干扰小、灵敏度高、操作简单可控、检测快速便捷、易于可视化等优点，因此被广泛应用于生物分析、药物检测、临床诊断及食品环境监测等领域。近年来，随着日益增长的分析技术需求与现场即时检测的要求，建立新的高效电化学发光检测方法，设计新型微型化设备成为科学研究的一大趋势。因此，建立新的电化学发光体系不仅可以拓展电化学发光应用，还可以增加该领域的理论储备；微型化器件的设计与发展为现场即时检测的发展奠定了基础、铺平了道路。

本书的研究内容涉及新电化学发光检测体系的建立和新型微型化电化学及电化学发光器件的设计与应用研究。新的电化学发光检测体系的建立为分析方法的设计提供了理论基础，并拓宽了电化学发光方法的应用；新型电化学发光微型设备的设计和研发为现场即时检测与可视化检测提供了新的思路与可能；新的电化学反应－收集体系的建立，充实了反应－收集体系的理论储备，并为电化学理论研究提供了新的手段与思路。

第2章 基于光泽精阴极电化学发光淬灭恢复方法选择性检测组氨酸

2.1 引言

电化学发光，又称电致化学发光（electrochemiluminescenc，ECL），是通过在电极表面的氧化还原反应激发发光试剂分子至激发态，从而产生发光的现象（Liu et al., 2015; Hu and Xu, 2010）。相比于其他冷光技术，电化学发光不需要激发光源，而是利用电化学方法激发，所以没有背景光干扰，具有低背景、高灵敏、快速、可控的优点。因此，它被广泛应用于食品环境检测、免疫分析、医疗诊断等领域（Gao et al., 2017; Han et al., 2016; Liu et al., 2015; Wang et al., 2015）。光泽精是一种常见的吖啶酯类电化学发光试剂，该试剂已商业化，易于购得。相比于鲁米诺试剂，光泽精在没有共反应剂时的电化学发光强度非常高，因此其电化学发光过程简单，易于应用。不仅如此，光泽精的阴极电化学发光还具有发光效率高、稳定性好等优点（Gao et al., 2016）。

组氨酸是生物体所必需的20种氨基酸之一，它是参与人体内多种蛋白质合成所不可或缺的原材料。不仅如此，组氨酸作为人体很重要的生物活性小分子，参与了多个复杂的生理过程，如意外创伤后细胞与器官的修复、金属酶反应和细胞内金属离子平衡的调节等（Lim et al., 2008; Li et al., 2004）。因此，人体内组氨酸含量的高低对机体正常运行有重大的影响。人体内组氨酸的正常含量为 0.31～26.35mg/mL。当体内组氨酸过低或过高时会阻碍某些生理过程的正常运行，引发某些疾病（Prasad et al., 2011）。而且研究表明，多种疾病的病理过程都与组氨酸有关，如慢性肾病综合征、阿尔兹海默症、肺病和癌症（Verri et al., 2009; Makoto et al., 2008; Seshadri et al., 2002; Morgan, 1986）。因此，建立组氨酸的检测方法非常重要。传统的氨基酸检测方法主要有高效液相色谱法、毛细管电泳法和质谱法等（Zhang and Sun, 2004; Tcherkas et al., 2001; Furuta et al., 1992）。这些方法成本高、速度慢、设备昂贵且体积大、操作烦琐、灵敏度低。因此，近年来，为了弥补传统方法的劣势，研究人员大力发展了多种新的氨基酸检测方法，如电化学传感器、荧光光谱法、比色法等（Wang and Fan, 2018; Wu et al., 2012; Elbaz et al., 2008）。

在本章中，我们建立了一种简单的基于光泽精阴极电化学发光淬灭恢复的组氨酸检测方法。组氨酸分子结构中具有咪唑环，该结构使组氨酸可作为三齿配体与铜离子结合形成组氨酸–铜离子复合物（Jia et al., 2011; Li et al., 2011）。并且，铜离子是一种活性氧自由基的有效捕获剂（Gao et al., 2016）。然而，光泽精的阴极电化学发光与溶液中溶解氧还原产生的超氧自由基有很大的关系，因此铜离子会对光泽精的阴极电化学发光产生有效淬灭作用，再由组氨酸与铜离子之间的相互作用减弱铜离子对超氧自由基的捕获，从而产生电化学发光信号变化，实现对组氨酸的检测。

2.2 实验部分

2.2.1 药品与试剂

发光试剂光泽精是从 TCI 试剂公司（上海，中国）购买的。磷酸氢二钠（$Na_2HPO_4 \cdot 3H_2O$）和磷酸二氢钠（$NaH_2PO_4 \cdot 2H_2O$）购自天津市光复科技有限公司。磷酸钠（$Na_3PO_4 \cdot 12H_2O$）和硫酸铜（$CuSO_4 \cdot 5H_2O$）购自北京化工厂。实验中所用 L- 组氨酸盐购自北京鼎国昌盛生物科技有限责任公司。

2.2.2 测试仪器

电化学发光实验中所用的 BPCL 微弱发光检测仪购于中国科学院生物物理研究所。电化学工作站是购自上海辰华的 CHI800B 型号单通道电化学工作站。实验中用的是三电极体系：对电极是金丝电极，参比电极是 Ag/AgCl 电极，工作电极是 3mm 直径的玻碳电极，实验前利用 0.3 μM 的 Al_2O_3 抛光粉对玻碳电极进行抛光打磨至镜面，并用超纯水超声清洗，以备使用。

2.3 实验结果与讨论

2.3.1 光泽精阴极电化学发光淬灭恢复方法检测组氨酸的可行性分析

我们对光泽精阴极电化学发光淬灭恢复检测组氨酸的方法进行了可行性分析。如图 2-1（a）中黑线所示，光泽精在 0～-1V 的电化学扫描条件下，在 -0.37V 处存在一个阴极还原峰，其发

光电位却在 −0.45V。如文献报道（Gao et al., 2016），光泽精的发光受溶液中溶解氧影响，在有氧的条件下光泽精的发光强度更高，−0.37V 处的还原峰是光泽精和溶解氧还原产生自由基时的电流叠加，而 −0.45V 时才出现发光是光泽精与溶解氧产生的超氧离子自由基相互作用的结果。在光泽精体系中加入铜离子后，光泽精的阴极发光得到了有效的淬灭 [图 2-1（b）]，且铜离子的加入对体系的循环伏安曲线没有任何影响。铜离子是一种有效的超氧离子自由基捕获剂，由于光泽精的阴极电化学发光与溶解氧产生的超氧离子自由基有很大的关系，因此，当有铜离子存在时，其电化学发光得到有效的淬灭。根据图 2-1 可知，组氨酸的加入对光泽精的循环伏安曲线和电位—电化学发光强度曲线都没有影响。由于组氨酸结构中的咪唑环可与铜离子结合形成组氨酸－铜离子复合物，且由图 2-1（b）中绿色曲线可知，组氨酸的加入可有效恢复被铜离子淬灭的光泽精电化学发光。因此，该电化学发光淬灭恢复方法可实现对组氨酸的检测。

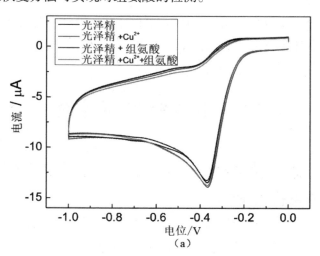

（a）

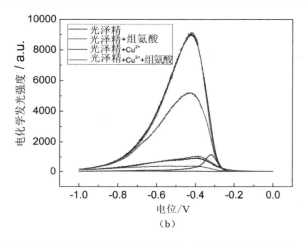

图 2-1 不同组分的循环伏安图（a）和电位—电化学发光示意图（b）：光泽精空白（黑），光泽精/铜离子（红），光泽精/组氨酸（蓝），光泽精/铜离子/组氨酸（绿）；其中光泽精浓度 100μM，铜离子浓度 1μM，组氨酸 100μM

2.3.2　实验条件的优化

为了获得更好的实验检测结果，我们对电化学发光淬灭恢复体系的实验条件进行了优化，如反应体系 pH、发光试剂光泽精的浓度、淬灭剂铜离子的浓度等。图 2-2 展示了体系 pH 对该恢复体系的电化学发光及恢复效率的影响。我们在 pH 为 9、9.5、10、10.5、11、11.5、12、12.5、13 的 0.1M PBS 溶液中，分别对光泽精、光泽精/铜离子、光泽精/铜离子/组氨酸体系的电化学发光强度进行了记录，如图 2-2（a）所示。其中 I_0 表示空白光泽精溶液的电化学发光强度，I_1 为铜离子淬灭光泽精电化学发光的强度，I_2 是加入组氨酸后对铜离子淬灭的光泽精电化学发光恢复后的强度。$(I_2-I_1)/(I_0-I_1)$ 表示组氨酸对铜离子淬灭光泽精电化学发光体系电化学发光强度的恢复效率。由图 2-2（a）可知，体系的电化学发光随着 pH 的增分别加而增强，当 pH 达到 12.0

时发光强度达到最大。但由图 2-2（b）可知，随着 pH 的增加，体系的恢复效率增加，当 pH 达到 11.5 时恢复效率呈稳定趋势，且在 pH 为 11.5 时 Cu^{2+} 的淬灭效率较高。因此，为了得到更高的信噪比，我们选择 pH=11.5 为最优 pH 条件。

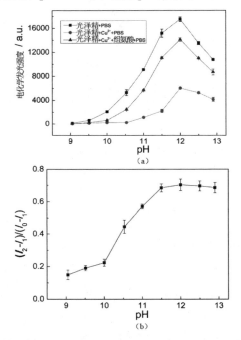

图 2-2　**pH 优化示意图。不同 pH 条件下，空白光泽精溶液（I_0）（黑色），铜离子淬灭（I_1）（红色）和组氨酸恢复（I_2）（蓝色）的体系电化学发光强度与 pH 的相关图（a）；体系电化学发光恢复效率与 pH 的关系示意图，其中光泽精浓度为 100μM，Cu^{2+} 浓度为 1μM，组氨酸浓度为 10μM（b）**

　　光泽精浓度对体系发光恢复效率的影响如图 2-3 所示。随着光泽精浓度的增强，光泽精、光泽精/铜离子、光泽精/铜离子/组氨酸的电化学发光强度均呈现增长趋势，如图 2-3（a）所示。如图 2-3（b）所示，我们以光泽精浓度对发光恢复效率作图，发现在光泽精浓度为 150μM 时，体系的电化学发光恢复效率达到最大值，为了得到更灵敏的检测条件，我们选用 150μM 为最优光泽精浓度。

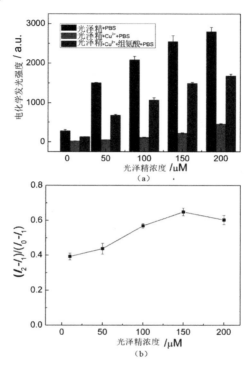

图 2-3 体系光泽精浓度优化示意图。不同光泽精浓度时，空白光泽精溶液（黑色），铜离子淬灭（红色）和组氨酸恢复（蓝色）的体系电化学发光强度与光泽精浓度的相关图（a）；体系电化学发光恢复效率与光泽精浓度的关系示意图，其中光泽精浓度为 10μM、50μM、100μM、150μM、200μM，Cu²⁺ 浓度为 1μM，组氨酸浓度为 10μM（b）

除此之外，我们还对铜离子的浓度进行了优化。如图 2-4 所示，随着铜离子浓度的增加，铜离子对光泽精阴极发光的淬灭效率不断提高，当浓度达到 10μM 时，铜离子对光泽精的效率达到最大值，从而变为平台。为了实现高效的检测，我们选取 10μM 为最优铜离子浓度。

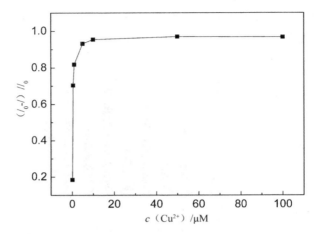

图 2-4　体系铜离子浓度优化示意图。其中铜离子浓度为 0.1μM、0.5μM、
1μM、5μM、10μM、50μM、100μM，光泽精浓度为 150μM，组氨酸浓度
为 10μM，pH=11.5，PBS 浓度为 0.1M

2.3.3　组氨酸的检测

　　我们利用组氨酸对铜离子淬灭光泽精阴极电化学发光的恢复
作用提出了一种检测组氨酸的方法。我们在得到的最优实验条件
下，制作了组氨酸浓度与电化学发光的线性拟合曲线，如图 2-5
所示。我们在 0.1~30μM 的浓度范围内得到了良好的线性关系，
线性方程为电化学发光强度 $I= 24.1c$（histidine，μM）+89.7，其
线性拟合系数为 0.9918，信噪比等于 3 时的检测限为 35nM。为
了说明该方法的实际检测可行性，我们对其选择性进行了研究。
我们利用组氨酸 5 倍浓度的其他 19 种氨基酸作为干扰进行了选
择性研究，发现在实验条件下其他氨基酸对该铜离子淬灭的光泽
精体系的电化学发光恢复没有明显作用，只有组氨酸可实现其电
化学发光淬灭恢复，如图 2-6 所示。因此，我们的方法具有高选
择性，且操作简单。

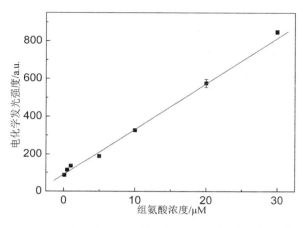

图 2-5　组氨酸检测的线性曲线。其中组氨酸线性曲线中浓度为 0.1μM、0.5μM、1μM、5μM、10μM、20μM、30μM，光泽精浓度为 150μM，铜离子浓度为 10μM，pH=11.5，0.1M PBS 溶液

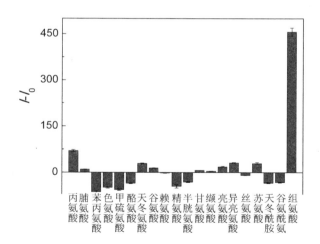

图 2-6　组氨酸检测的选择性分析。其中组氨酸（His）浓度为 20μM，其他氨基酸浓度均为 100μM，光泽精浓度为 150μM，铜离子浓度为 10μM，pH=11.5，0.1M PBS 溶液

2.4 本章小结

在本章中，我们提出了一种简单电化学发光淬灭恢复方法，用于组氨酸的选择性检测。铜离子可有效淬灭光泽精的阴极电化学发光，然而组氨酸可作为三齿配体与铜离子有效结合，减弱铜离子对光泽精的阴极电化学发光的淬灭作用，使光泽精的阴极电化学发光得到有效恢复，从而引起信号变化，实现对组氨酸的检测。该方法对于组氨酸外其他 19 种氨基酸均未得到有效响应，因此该方法对于组氨酸具有高度的选择性。

第 3 章　新型无线输电电化学发光阵列芯片的设计与应用

3.1　引言

　　无线传输技术是指在不利用电缆等导线的情况下将电能从发电装置传送到使用终端的技术。19 世纪末，尼古拉·特斯拉首次提出了无线输电的概念，并致力于该技术的研究与发展，实现了小规模的无线输电（Cheney, 1981）。近年来，随着无线传输技术的日益发展，该技术展现了广阔的应用前景，很多无线输电产品（如无线充电牙刷、无线充电台灯和无线充电手机等）相继问世，给人类生活提供了很多的便利。根据空间上传输距离不同，无线传输技术主要分为三种传输方式：电磁感应短程传输、电磁共振耦合中程传输和微波激光远程传输（Galizzi et al., 2013; Pijl et al., 2013; Kurs et al., 2007; Boys et al., 2002; Hu et al., 2000）。目前，无线充电技术的核心理论主要是电磁感应，电磁感应可以实现短程的电力传输，其工作原理是在发射线圈两端施加变化的电场从而产生变化的磁场，在短距离内放置接收线圈，线圈在变化的磁场中产生感应电动势，从而实现无线电力传输（Cheng et al., 2015; Bondar et al., 2013）。

电化学发光方法是一种高灵敏的检测方法。它被广泛应用于临床分析、药物检测、环境监测和食品分析中（Deng et al., 2015; Huang et al., 2015; Wasalathanthri et al., 2015; Sentic et al., 2014; Zhou et al., 2014; Kurita et al., 2012; Zamolo et al., 2012; Kurita et al., 2010; Dennany et al., 2004）。由于传统的电化学发光分析仪器由电化学工作站和微弱发光检测仪组成，其体积较大、不易携带、较为昂贵，无法用于现场即时检测（Pinaud et al., 2013; Crespo et al., 2012）。因此，设计一款便携式的电化学发光微小器件显得尤为重要。

在之前的研究中我们由无线充电牙刷得到灵感，将无线输电技术与电化学发光方法相结合提出了无线输电电化学发光的概念，初步设计了一款简单的电化学发光检测微型器件，并通过线圈数量对其接收端电压进行了调整（Qi et al., 2014）。然而无线输电电化学发光方法中为了实现无线传输，电路中使用的是交变电流，因此接收端产生的感应电动势正负极也是有规律交替变化的。在高频率的传输过程中，接收线圈两端连接的电极两端电压方向不断变化，从而导致电化学发光反应的很多活性中间体没来得及产生发光便被迅速消耗，从而降低发光效率。

整流二极管是在日常生活中常见的电子元件，它只允许单方向的电流通过，从而滤掉一半的交变电流。在本章中主要利用高频二极管对高频交流电的有效整流减少电化学发光活性中间体在交变电流中的损失，从而大大提高无线输电电化学发光体系的电化学发光强度。与此同时，我们设计了一款多通道的电化学发光阵列芯片，可用于电化学发光体系的多通道可视化检测，利用智能手机与数码相机对信号强度进行读取，实现了便携式电化学发光微小器件数据的实时读取与处理，为即时检测提供了新的可能。新型无线输电电化学发光阵列芯片工作示意图如图3-1所示。

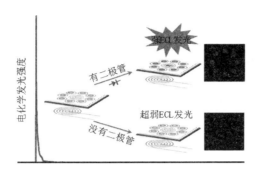

图 3-1　新型无线输电电化学发光阵列芯片的工作示意图

3.2　实验部分

3.2.1　药品与试剂

鲁米诺和过氧化氢（H_2O_2）分别从 TCI 试剂公司（上海，中国）和北京化工厂购买。碳酸钠（Na_2CO_3）和碳酸氢钠（$NaHCO_3$）购自国药试剂（北京，中国）。鲁米诺储备液浓度为 10mM，称取 0.1772g 鲁米诺固体溶于 0.1M 氢氧化钠溶液中，待固体完全溶解后用水稀释至 100mL。实验用水均为二次水。

3.2.2　测试仪器

电化学发光实验中所用的是 BPCL 微弱发光检测仪购于中国科学院生物物理研究所。电化学发光图片的拍摄使用的是 Cannon 60B 单反照相机。电化学发光实验中用于导光的光纤购于雅阁尔建筑材料商行。无线输电电化学发光阵列芯片发射端线圈购自芯科泰电子有限公司。电路中电流－时间曲线是用 ADS1112CAL 型示波器（购自南京国蕊安泰信科技股份有限公司）监测得到的。

3.2.3　无线输电电化学发光阵列芯片的制作

无线输电电化学发光阵列芯片是利用 PROTEL 软件进行设计的，并由沧州市环宇印刷电路有限公司印刷制作。

3.2.4　鲁米诺的检测

配制总体积为 0.5mL 的反应溶液。其中 H_2O_2 浓度为 0.1M，鲁米诺浓度为 0.01μM、0.1μM、1μM、10μM、100μM、1000μM。所用缓冲溶液为 0.1M pH 为 10.3 的 Na_2CO_3-$NaHCO_3$ 缓冲溶液。每次取 30μL 反应溶液滴于无线输电电化学发光芯片电极表面进行检测。利用 BPCL 微弱发光检测仪时，由于芯片与光电倍增管的朝向不匹配，因此利用全反射光纤作为光导进行检测。实验过程中光电倍增管电压为 −1100V。

3.2.5　过氧化氢的检测

过氧化氢的检测与鲁米诺检测相似。总体积为 0.5mL 的反应溶液，含有 0.1mM 鲁米诺，1μM、5μM、10μM、50μM、100μM、500μM、1000μM 的过氧化氢。所用缓冲溶液为 0.1M pH 为 10.3 的 Na_2CO_3-$NaHCO_3$ 缓冲溶液。每次取 30 μL 反应溶液滴于无线输电电化学发光阵列芯片的电极表面，通过光纤导光，利用 BPCL 微弱发光检测仪对其电化学发光信号进行检测。光电倍增管电压为 −700V。

3.2.6　过氧化氢的可视化检测

0.5mL 的反应溶液，含有 0.1mM 鲁米诺，5μM、10μM、20μM、50μM、80μM、100μM、200μM、800μM 的过氧化氢。所用缓冲溶液为 0.1M pH 为 10.3 的 Na_2CO_3-$NaHCO_3$ 缓冲溶液。取 30μL 不同浓度反应溶液滴于无线输电电化学发光阵列芯片的八个电极表面。通过智能相机拍照，并通过手机软件对照片上的光斑进行强度分析，从而制作线性曲线，实现定量检测。

3.3　实验结果与讨论

3.3.1　新型无线输电电化学发光阵列芯片的设计

我们设计的新型无线输电电化学发光阵列芯片是由八对金电极、无线接收线圈和整流二极管组成的两电极电化学发光检测体系，如图 3-2（a）所示。八对金电极中的工作盘电极直径为 3mm，作为对电极的环电极宽度为 0.5mm，芯片中间的线圈圈数为 17 圈。在印刷过程中，在芯片上下分别设置了一个线圈并串联，因此实际接收线圈圈数为 34。整流二极管串联于上下两个线圈之间并置于芯片背面中心，用于接收端电路中电流的整流。图 3-2（b）所示为该无线输电设备的发射端，该发射端由发射线圈和无线输电模块组成。由于无线输电电化学发光阵列芯片和发射端的体积小、便于携带，因此我们设计的新型无线输电电化学发光设备可被用于现场即时快速电化学发光检测。

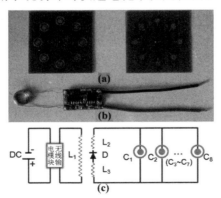

图 3-2　新型无线输电电化学发光阵列芯片（a）和发射端（b）示意图及整
　　　　 体设备的电路图（c）

图 3-2（c）是该新型无线输电电化学发光微型设备的电路图。如图 3-2（c）所示，将发射端接入 5V 直流电源（DC），直流电通过无线输电模块变为交变电流，由发射线圈 L_1 发射变换的磁场，通过电磁感应由接收端线圈 L_2 和 L_3 接收信号。八对金电极（$C_1 \sim C_8$）以并联的形式连接于设备电路中，且从电极到接收线圈的导线长度均相同。整流二极管（D）串联于上下接收线圈之间，对设备中高频电流进行整流。整流二极管的主要功能是仅允许电路中固定方向的电流通过，即滤掉相反方向的电流，使交变电流变为直流电流，因此将整流二极管引入无线输电电化学发光阵列芯片，使工作电极上的电位始终高于对电极，只保留电流随时间正向变化的部分。我们发现高频整流二极管的引入可有效提高体系的电化学发光强度。

3.3.2 整流二极管的引入对无线输电电化学发光体系的影响

如图 3-3 所示，通过照片拍摄对整流二极管对无线输电电化学发光体系的影响进行了对比，发现没有引入整流二极管的无线输电电化学发光体系的电化学发光强度非常弱，在照片中很难显像，如图 3-3（b）所示。而电路中加入整流二极管的无线输电电化学发光体系的电化学发光强度很强，如图 3-3（c）所示，很容易用肉眼或数码相机进行观察。

与此同时，我们通过光电倍增管微弱电化学发光检测仪对无线输电电化学发光体系的发光强度进行了检测。如图 3-4 所示，电路中加入整流二极管后的无线输电电化学发光体系比没有二极管的体系电化学发光强度高大约 18000 倍。因此，二极管的整流作用可大大提高无线输电电化学发光体系的电化学发光强度。我们认为，当电路中没有整流二极管时，电路中存在的是高频交流电，其电压大小与方向均随时间变化，鲁米诺与过氧化氢在正电位时被氧化，产生活性中间体；而后，随着高频率的电压变化，电极表面产生的活性中间体还未来得及反应发光，便在负电位处被还原，失去电化学发光反应活性，从而损失了大部分的发光活性中间体，降低了体系电化学发光强度（Cui et al., 2004; Cui et al., 2003; Sakura, 1992）。但是，整流二极管的引入通过对电路中交变电流的整流作用，滤掉负向电压，大大地减少了无线输电电化学发光电路中由交变电流导致的活性中间体损失，从而极大地提高了体系电化学发光强度。

图 3-3　新型无线输电电化学发光体系的照片示意图

（a）工作中设备的照片；（b）没有引入整流二极管的无线输电电化学发光体系的照片；（c）引入整流二极管后无线输电电化学发光体系的照片，鲁米诺浓度为 1mM，过氧化氢浓度为 50mM

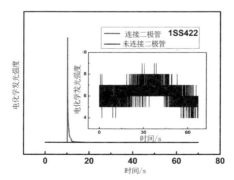

图 3-4　引入整流二极管（红色曲线）与没有整流二极管（黑色曲线）的无线输电电化学发光体系电化学发光强度对比示意图；内嵌图为没有二极管的无线输电电化学发光体系电化学发光强度的放大图，鲁米诺浓度为 1mM，过氧化氢浓度为 50mM，PMT：−800 V

3.3.3 不同型号整流二极管对无线输电电化学发光体系的影响

不同整流二极管具有不同的最高工作频率，当工作电路中频率高于或等于该频率时，整流二极管无法进行有效的整流。因此，我们认为不同型号的整流二极管对无线输电电化学发光设备内的电流及体系电化学发光有一定影响，并研究了不同型号整流二极管对无线输电电化学发光设备电路中电流电压（图 3-5）和体系电化学发光强度（图 3-6）的影响。

如图 3-5（a）所示，在没有整流二极管存在时，无线输电电化学发光设备中的电压随时间的变化曲线是类似正弦波波形，且其变化频率为 222kHz。1SS422 型号的整流二极管是一种高频二极管，其固有最高工作频率是 250MHz。由于无线输电电化学发光芯片电路中交变电流频率远低于该高频二极管的固有频率，因此该二极管可对体系中的交变电流进行有效的整流，体系中的电压在 2.6～3.1V 之间呈规律性变化，电压－时间曲线如图 3-5（b）所示。图 3-5（c）所示为低频二极管 1N4001 对电路中交变电流的不完全整流，电压在 0.7～2.9V 之间变化。

不同型号整流二极管对无线输电电化学发光体系电化学发光强度的影响如图 3-6 所示。加入高频 1SS422 型号二极管的无线输电电化学发光体系的电化学发光强度是加入低频 1N4001 型号二极管的体系电化学发光强度的 10 倍左右。然而，与没有接入二极管的无线输电电化学发光体系相比较，无论哪种型号的二极管，只要有一定整流作用，都会使体系电化学发光得到很大增强。以上数据证明，整流二极管的存在可有效增强无线输电电化学发光体系的电化学发光强度，从而提高设备检测的灵敏度，因此我们将该器件用于实际电化学发光体系的定量检测。

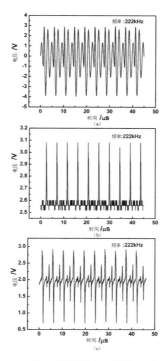

图 3-5　没有二极管（a）、引入高频整流二极管（b）和低频整流二极管（c）时无线输电电化学发光体系电路中的电压 – 时间曲线示意图

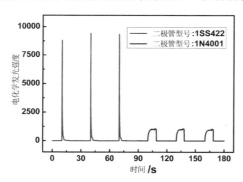

图 3-6　不同型号整流二极管对无线输电电化学发光体系电化学发光强度的影响，鲁米诺浓度为 1 mM，过氧化氢浓度为 50 mM，PMT：−600 V

3.3.4 基于光电倍增管发光仪的鲁米诺与过氧化氢电化学发光检测

我们利用该设备对经典鲁米诺过氧化氢体系中的鲁米诺与过氧化氢进行了定量检测。我们用该设备制作鲁米诺的线性拟合曲线（图 3-7）时，发现在 10nM~1mM 的范围内鲁米诺的浓度的对数值（$\log c$）与电化学发光强度的对数值（$\log I$）呈良好的线性关系，其线性相关系数（r）为 0.9841。线性曲线对应的线性方程为：$\log (I, \text{a.u.}) = 0.67 \log (c, M) + 6.87$，其检测限为 0.26nM。与其他方法相比（表 3-1），利用该新型无线输电电化学发光设备的检测方法更灵敏且检测限更低。

我们利用新型无线输电电化学发光阵列芯片制作了过氧化氢检测的标准线性曲线。如图 3-8 所示，过氧化氢溶液浓度的对数值（$\log c$）与体系的电化学发光强度相对值的对数值 [$\log (I - I_0)$] 呈良好的线性关系，线性相关系数为 0.9963，其线性范围为 1μM ~ 1000μM，该线性曲线的对应线性方程为：$\log[(I - I_0), \text{a.u}] = 0.74 \log (c, M) + 5.82$，其检测限为 0.17μM。

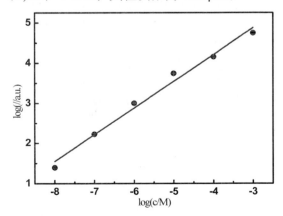

图 3-7　鲁米诺检测的电化学发光线性拟合曲线示意图

表 3–1　与其他检测鲁米诺方法的对比

电极材料	线性范围	检测限 / μM	参考文献
钴纳米粒子 – 多壁碳纳米管 – 萘酚修饰的玻碳电极	5~770μM	0.11	Haghighi et al., 2015
钛酸盐纳米管 - 萘酚修饰的玻碳电极	0.05~100μM	9.2	Xu et al., 2013
碳掺杂 TiO_2 覆盖钛电极	0.01~0.09μM	3	Wang et al., 2010
电加热控制的 Pt 微电极	0.5~150μM	100	Lin et al., 2007
无线输电电化学发光阵列芯片	0.01~1000μM	0.26	本文方法

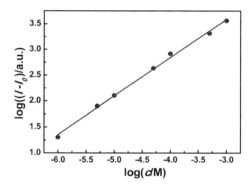

图 3–8　过氧化氢检测的电化学发光线性拟合曲线示意图

3.3.5　过氧化氢的可视化检测

我们利用引入高频二极管的新型无线输电电化学发光阵列芯片可有效增强体系电化学发光强度的优势建立了过氧化氢的可视化检测方法。我们将不同浓度的过氧化氢溶液滴于同一芯片的八对电极上，在暗盒中进行通电，并利用数码相机拍摄照片，记录其发光强度，再由手机软件进行强度分析，从而制作工作曲线。如图 3-9 所示，不同浓度的过氧化氢呈现出不同强度的蓝色光斑，对光斑强度进行分析后发现在 5μM 到 200μM 范围内，过氧化氢溶液浓度的对数值与对应电化学发光强度的对数值呈很好的线性关系，其线性相关系数为 0.9693，对应的线性方程是: $\log (I, \text{a.u.})$

59

= 0.70log（c, μM）+0.82。与其他检测过氧化氢的方法相比较（表 3-2），利用新型无线输电电化学发光阵列芯片的检测方法具有更高的灵敏度、更宽的线性范围。不仅如此，新型无线输电电化学发光阵列芯片的可视化检测的灵敏度与光电倍增管电化学发光仪检测方法的灵敏度相差不大。这些表明，引入高频二极管的新型无线输电电化学发光阵列芯片作为便携式微型设备在可视化检测方面具有广阔的应用前景。

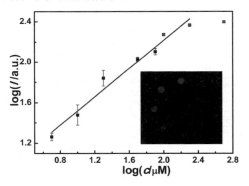

图 3-9　过氧化氢的可视化检测示意图

表 3-2　与其他检测过氧化氢方法的对比

材料	方法	线性范围	检测限 / μM	参考文献
介孔 SiO_2 包覆的 Fe_3O_4 磁性纳米粒子作为过氧化物模拟酶	紫外可见吸收分光光度法	1~100 μM	—	Wang et al., 2015
基于四苯乙烯分子的新型荧光探针	荧光光谱法	10~110 μM	0.18	Hu et al., 2014
MnO_2 纳米片 / 石墨烯修饰电极	电化学方法	10~90 μM 和 200~900 μM	2	Feng et al., 2015
牛血清白蛋白保护的金纳米簇 – SiO_2 纳米粒子复合材料修饰电极	电化学发光法	6.5~32.6 μM	—	Wu et al., 2013

续表

材料	方法	线性范围	检测限 / μM	参考文献
银掺杂介孔 SiO₂ 修饰的碳糊电极	电化学方法	20~8000 μM 和 8~20 mM	2.95	Azizi et al., 2015
新型无线输电电化学发光阵列芯片	基于光电倍增管检测的电化学发光法	1~1000 μM	0.17	本文方法
新型无线输电电化学发光阵列芯片	基于相机的可视化电化学发光法	5~200 μM	—	本文方法

3.3.6　新型无线输电电化学发光阵列芯片的稳定性研究

为了研究新型无线输电电化学发光阵列芯片的稳定性，我们对同一无线输电电化学发光陈列芯片上的同一电极、同一芯片上的八对等效电极、不同无线输电电化学发光陈列芯片上同一电极的电化学发光实验信号重现性进行了研究（图 3-10 ）。我们利用 pH=10.3，0.1M 浓度的 Na₂CO₃-NaHCO₃ 缓冲溶液配置含有 0.1mM 鲁米诺和 1mM 过氧化氢的反应溶液，在同一芯片的同一电极上进行了连续 9 次的"开关实验"，如图 3-10（a）所示，其信号重现性很好，计算得到的相对标准偏差为 2.9%，证明单个电极在实验条件下稳定性很好。图 3-10（b）所示的是同一芯片上的八对等效电极上的电化学发光信号，八对电极上的发光信号强度重现性较好，计算得到的八对电极间的相对标准偏差为 4.8%，说明八对电极在实验条件下具有良好的稳定性和等效性。除此之外，我们选择 7 组无线输电电化学发光阵列芯片同一位置的电极进行重现性实验，如图 3-10（c）所示，其电化学发光信号具有较好的重现性，计算其相对标准偏差为 5.0%，证明该芯片具有很好的稳定性。因此，高倍数的电化学发光信号、良好的稳定性、微型的体积和便捷的数据处理方式使无线输电电化学发光阵列芯片在便携式即时检测方面具有无限的发展可能。

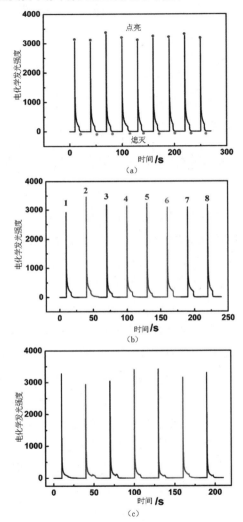

图 3-10 同一芯片上同一对电极的连续实验重现性（**a**）、同一芯片上八对等效之间的实验重现性（**b**）和不同芯片上同一对电极之间的实验重现性（**c**），鲁米诺浓度为 0.1 mM，过氧化氢浓度为 1 mM，PMT：-700 V

3.4　本章小结

在本章中我们提出了一种新型无线输电电化学发光阵列芯片，通过引入整流二极管，对设备电路中的交变电流进行整流，使芯片上电极两端电压始终保持在正向，大大减少了无线输电电化学发光设备电路中交流电引起的反应活性中间体的损失，从而极大地提高了反应活性中间体的利用率及体系的电化学发光效率与强度，从而提高了设备的检测灵敏度。由于新型无线输电电化学发光阵列芯片的所有电极对均具有等效性，因此该设备还可实现高通量检测。由于二极管的接入使体系的电化学发光强度得到了很大的提升，我们将无线输电电化学发光阵列芯片与数码相机和手机软件相结合；对鲁米诺 / 过氧化氢电化学发光体系中的过氧化氢实现了可视化检测，并得到了较好的结果。不仅如此，高效的无线输电电化学发光阵列芯片与传统光电倍增管微弱发光检测仪相结合还可实现了更加灵敏的检测。由于新型无线输电电化学发光阵列芯片具有低成本、便携、高灵敏、高通量、稳定等优点，因此在现场即时检测、高通量检测等领域具有无限的应用前景。

第 4 章　新型 3D 打印旋转双盘电极的设计与应用

4.1　引言

1942 年，Levich 提 出 了 旋 转 圆 盘 电 极（rotating disk electrode，RDE）理论（Levich, 1942）。当电极在溶液中旋转时，由于溶液具有一定的黏度，电极表面的溶液会随着电极转动沿电极切线方向形成切向液流，同时，由于转动时存在离心力，电极表面溶液由电极中心向外移动产生径向层流，从而减小电极中心压力造成动力学低压，由于压力差的存在，本体溶液会沿着垂直电极表面的方向由电极表面较远的本体溶液流向电极表面，产生纵向层流（Di, 2008; Hu, 2007; Bard, 2001; W.J. Albery, 1971）。随后，根据 Levich 理论，Frumkin 和 Nekrasov 首次提出了经典反应 – 收集体系——旋转环盘电极（rotating ring-disk electrode，RRDE）（Frumkin, 1959）。旋转圆盘电极是将电极材料插入绝缘材料制作的柱状外壳中心，在电极外壳上端与电极同轴制作螺纹，通过螺纹与电极杆相连，利用马达使电极旋转，并利用电极旋转建立的稳定、均一的电极表面扩散状况来进行一系列的反应动力学研究的设备（Hu, 2007; Bard, 2001）。旋转环盘电极是在旋转圆盘电极的基础上，在中心电极外围设置一个与中心电极同轴的细环电极，通过利用电极旋转时产生的径向层流将中心盘电极上的反应产物传至环电极表面进行收集。旋转环盘电极的径向传质速度随着电极转速的加快而增加，因此随转速增加而增强的相对盘电流密度与环电流密度可用于研究电极反应机理，并计算电化学反应动力学参数（Bard, 1971; Bruckenstein, 1968; Damjanovic et al., 1966）。与静态电极技术相比，旋转电极技术可建立高度可控、精确稳定的稳态检测环境。与其他动力学检测方法相比，RRDE是具有严谨理论基础的简便检测方法。因此，RRDE是目前最被认可的动力学检测手段，被广泛应用于电化学反应机理研究、动力学参数测定和固态催化剂电催化性能研究等（Seisko et al., 2018; Torres et al., 2017; Wu et al., 2017; Choi et al., 2016; Salahifar et al., 2016; S. Swathirajan, 1982）。然而，商业购买的RRDE的电极材料很有限、电极比较脆弱易坏，而通过自制的方法制作RRDE很困难且成本较高，尤其是电极材料量少、易碎。

因此，我们提出了一个全新的反应－收集体系——新型旋转双盘电极（rotating acentric binary-disk electrode，RABDE）来克服以上RRDE的缺点，并作为另一种可供选择的动力学检测方法。图4-1展示了新型旋转双盘电极的几何形貌及良好的电化学性能。自制新型旋转双盘电极主要由三部分组成：绝缘外壳、双盘电极、自制电极杆。绝缘外壳是通过便宜、精确的3D打印技术打印成型的［图4-2（b）］。双盘电极位于距离电极外壳中心4 mm的位置，双盘中心连线和电极外壳中心与前盘电极中心连线垂直［图4-2（c）］。该几何结构的设计主要是为了很好地利用相对较快的溶液切向流速进行传质，而不是像RRDE利用径向传质。在实验过程中，我们发现新型旋转双盘电极的电流密度比相同尺寸RRDE的电流密度大，且灵敏度更高，可在较低转速下完成很多动力学检测。因此，为了说明新型旋转双盘电极的电化学性能，我们用经典的单电子可逆反应体系——铁氰化钾体系、多步还原的复杂铜离子还原体系对旋转双盘电极进行表征，并将其应用于碱性条件下的氧还原体系中，对反应过程电子转移进行计算并对氧还原机理进行探讨。

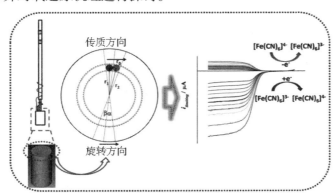

图 4-1 新型 3D 打印旋转双盘电极的工作示意图

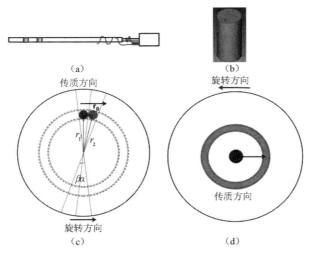

图 4-2 新型 3D 打印旋转双盘电极整体示意图：其中蓝色为反应盘电极，红色为收集盘电极（a），旋转双盘电极的 3D 打印柱状绝缘电极外壳的设计图（b），新型旋转双盘电极的电极表面示意图（c）及作为对比的经典旋转环盘电极表面示意图（d）

4.2 实验部分

4.2.1 药品与试剂

铁氰化钾（$K_3[Fe（CN）_6]$）、氢氧化钾（KOH）、三水合硝酸铜 [$Cu（NO_3）_2 \cdot 3H_2O$] 和硝酸钾（KNO_3）均从北京化工厂购置。氯化钾（KCl）购自生工生物工程（上海）股份有限公司。铁氰化钾反应溶液是含有 1mM $K_3[Fe（CN）_6]$ 的 0.1M KNO_3 溶液，称取 0.0329 g $K_3[Fe（CN）_6]$ 固体溶于 100mL 0.1M KNO_3 溶液中，待用。硝酸铜反应溶液中 $Cu（NO_3）_2$ 浓度为 1mM，称取 0.0242g $Cu（NO_3）_2 \cdot 3H_2O$ 固体溶于 100mL 0.5M KCl 溶液中，待完全溶解后用实验。用于氧气还原实验的碱性溶液是 0.1M 的氢氧化钾溶液，并在室温条件下通氧气 30min，得到氧气饱和的碱性溶液。实验用水均为二次水。3D 打印的旋转双盘电极的绝缘柱状外壳材料是 ABS 塑料（丙烯腈－丁二烯－苯乙烯三元共聚物，Acrylonitrile-Butadiene-Styrene resin），购自 SOVA 科技。

4.2.2 测试仪器

所有电化学实验均是用 CHI 832 型号的电化学工作站完成的，购自上海辰华仪器有限公司。实验所用容器为三口烧瓶，参比电极为 Ag/AgCl 电极，对电极为金电极。新型旋转双盘电极为自制电极，电极材料为铂丝。实验中所用旋转电极的马达为 PINE 公司的旋转电极转速控制器。旋转双盘电极的绝缘柱状外壳是通过熔积成型的 3D 打印机打印而成的，其设计图纸是用 3D 模型设计软件 SolidWorks 设计的。实验所用 3D 打印机购自珠海西通电子有限公司。

4.2.3 新型3D打印旋转双盘电极的制作

将 3D 模型图通过 3D 打印机打印成型。而后利用微型钻头对 3D 打印的绝缘柱状电极外壳上的电极孔进行打磨。与此同时，将两根铂丝之间用绝缘胶进行绝缘处理，并将双盘电极固定在一起，再将绝缘处理好的双盘电极插入绝缘电极外壳上的电极孔中，再次用绝缘胶对两个铂丝电极与电极外壳进行固定密封，将制作好的电极放入烘箱进行加热干燥。待胶体烘干后对电极表面进行抛光打磨，将自制不锈钢电极杆插入电极外壳，将电极与电极杆连接固定好，备用。

4.3　实验结果与讨论

4.3.1 新型3D打印旋转双盘电极的设计与原理

图 4-2（a）展示了旋转双盘电极的整体几何模型。新型旋转双盘电极是由一个柱状绝缘电极外壳、两个并排的铂丝电极和具有双工作电极性质的自制不锈钢电极杆组成的。柱状绝缘外壳是由 ABS 塑料用 3D 打印机通过熔化堆积成 3D 模型 [图 4-2（b）]。ABS 塑料是由丙烯腈、丁二烯、苯乙烯三类单体进行三元共聚得到的一种树脂材料。由于 ABS 塑料具有强度高、硬度大、耐化学药品、尺寸稳定性好、易于清理等优点且可通过热熔堆积制作模型，因此非常适用于 3D 打印制作电极外壳。柱状电极外壳直径为 15mm，电极孔到电极外壳中心的距离为 4mm，到电极外壳外延的距离为 2.5mm。图 4-2（c）所示为旋转双盘电极表面示意图，铂丝电极的半径 r_0 为 0.5mm，其中后盘电极的位置是在前盘电极的切线方向，紧挨着前盘电极，即前后盘电极中心连线与电

极外壳中心和前盘电极中心的连线呈 90°，其中前盘电极是作为反应 - 收集体系的反应电极（蓝色），后盘电极作为收集电极（红色）。

　　传统的反应－收集体系，旋转环盘电极的电极表面示意图如图 4-2（d）所示。在电极旋转时，当层流条件被满足时，溶液从圆盘电极中心位置自下向上流动，当接近圆盘电极后，溶液再由中心沿圆盘径向向外运动到达环电极表面，因此旋转环盘电极利用的是溶液的径向传质。但在电极旋转时，电极表面溶液随着电极的旋转具有一定切向流速，而且切向传质速度比径向传质速度更快，我们设计的新型旋转双盘电极正是利用了溶液的径向传质速度进行电化学反应的动力学研究 [图 4-2（c）]。两个毗邻的盘电极可通过切向流速在前盘电极进行电化学反应，再由后盘电极进行收集，从而起到反应－收集体系的作用。因此，我们通过经典的可逆反应体系－铁氰化钾体系、铜离子体系对该电极进行可行性研究，并将该电极应用于碱性条件下氧还原反应过程的研究。

4.3.2　新型3D打印旋转双盘电极用作单工作电极

　　由于旋转双盘电极利用了电极自身的转速，因此具有更快的传质速度，从而具有更高的电流密度，因此，我们将旋转双盘电极的前盘电极作为单独的工作电极用于监测铁氰化钾的还原过程。如图 4-3 所示，我们选取了三个转速（100rpm、400rpm、900rpm），分别在不同转速下，用直径均为 1mm 的传统旋转圆盘电极和新型旋转双盘电极的前盘电极分别监测铁氰化钾的还原过程，并对其极限电流曲线进行比较。我们发现，在相同转速下，新型旋转双盘电极前盘电极上的极限电流大约是传统旋转圆盘电极上的极限电流的两倍，这说明新型双盘电极与传统旋转圆盘电极的极限电流比与转速无关，结果与 Levich 理论一致，说明新型旋转双盘电极的极限电流符合 Levich 理论。

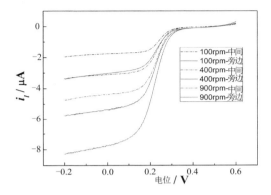

图 4-3　相同尺寸的传统旋转圆盘电极（mid）与新型旋转双盘电极作为单工作电极（side）使用时电流 - 电位曲线的对比图。1mM K$_3$[Fe（CN）$_6$]/ 0.1 M KNO$_3$ 溶液，扫速：20mV/s，电位是相对于 Ag/AgCl 电极

　　换言之，我们的新型旋转双盘电极相对于传统旋转圆盘电极在相同转速下具有更高的灵敏度。如图 4-3 所示，由于几何模型不同，旋转双盘电极前盘电极在 100rpm 时的极限电流与相同尺寸的传统旋转圆盘电极在 400rpm 时的极限电流大小相同。因此，下面我们将利用高灵敏的新型旋转双盘电极对铁氰化钾的还原过程、铜离子还原过程及氧还原反应过程进行研究。

4.3.3　新型3D打印旋转双盘电极收集系数的计算

　　收集系数（N）是表征反应 - 收集体系效率的关键参数。对于可逆反应物质来说，电极旋转时，反应物在反应电极表面发生电化学反应得到可逆产物，由于传质过程中部分产物会传至本体溶液中，只有部分传到收集电极表面在固定电位下进行反应，因此把能在收集电极表面收集到的产物的分数定义为收集系数（N），又称收集效率（Han et al., 2007; Tindall and Bruckenstein,

1968; Napp et al., 1967），其定义式为：

$$N_{RABDE} = |i_{l\text{-collector}}/i_{l\text{-generator}}| = |i_{l\text{-back}}/i_{l\text{-front}}| \quad (4.1)$$

其中，$i_{l\text{-collector}}$ 为反应 - 收集体系中收集电极的极限扩散电流，$i_{l\text{-generator}}$ 是反应电极的极限扩散电流；对于新型旋转双盘电极，$i_{l\text{-back}}$ 是作为收集电极的后盘电极的极限扩散电流，$i_{l\text{-front}}$ 是作为反应电极的前盘电极的极限扩散电流。

在本书中，我们利用经典的单电子可逆反应体系——Fe（CN）$_6^{3-}$/Fe（CN）$_6^{4-}$ 对新型旋转双盘电极的收集系数进行计算（Han et al., 2007; W.J. Albery, 1971）。如图 4-4（a）所示是在不同转速下，铁氰化钾在新型旋转双盘电极前盘电极上的还原过程，Fe（CN）$_6^{3-}$+ e$^-$ → Fe（CN）$_6^{4-}$，电位扫描从 0.6V 到 -0.2V。还原产物亚铁氰化钾由快速的径向传质流向后盘电极，在后盘电极上施加 0.4V 的固定电位，亚铁氰化钾再次被氧化成铁氰化钾，Fe（CN）$_6^{4-}$-e$^-$ → Fe（CN）$_6^{3-}$[图 4-4（b）]。我们用新型旋转双盘电极的前盘与后盘电极极限扩散电流对电极转速的平方根作拟合曲线，发现双盘电极的极限电流与转速平方根呈很好的线性关系，结果与 Levich 方程所示一致 [图 4-4（c）]。

根据 Levich 方程（Han et al., 2007; Hu, 2007; Bard, 2001）：

$$i_{l\text{-front}} = -0.62nF\pi[(r_1+2r_0)^3-r_1^3]^{2/3}D^{2/3}\cdot\nu^{-1/6}\cdot\omega^{1/2}\cdot C^*\cdot\alpha/360°$$
$$= k_{l\text{-front}}\cdot\omega^{1/2} \quad (4.2)$$

其中，$i_{l\text{-front}}$ 是新型旋转双盘电极前盘电极的极限扩散电流；n 是电化学反应的电子转移数（铁氰化钾体系中 $n=1$）；F 是法拉第常数；D 为扩散系数（cm^2/s）；ν 是溶液黏度（cm^2/s），ω 是新型双盘电极的旋转速度（rpm）；C^* 是反应物浓度（mol/cm^3）；r_0 是新型旋转双盘电极的两个铂丝电极半径（cm）；r_1 是由电极外壳中心点到前盘电极外延的距离 [图 4-2（c）]；α 是由电极外壳中心点向前盘电极做两个切线后切线之间的夹角

（°）[图 4-2（c）]；其中 $k_{\text{l-front}}$ 是 $i_{\text{l-front}}$ vs. $\omega^{1/2}$ 线性拟合曲线的斜率 [（图 4-4（c）]。

　　然而，在图 4-4（c）中前盘电极的极限电流（$i_{\text{l-front}}$）与电极转速的平方根（$\omega^{1/2}$）的 Levich 线性拟合曲线并没有如式（4.2）所示过原点，且在纵轴的截距值与图 4-6（c）中的截距值相似。该结果表明，在电极设计允许的超低转速工作时，其自然对流对体系有一定的影响，无法直接忽略。事实上，在超低转速 $\omega^{1/2}=$ 8rpm$^{1/2}$ 时，流体动力学层大约为 350mm（Bard，2001），然而在静止条件下，自然对流层 d_{conv} 在 200mm 的范围内（Amatore et al.，2001）。因此，超低转速时对于新型旋转双盘电极的前盘电极电流公式进行修正，得到以下公式：

$$i_{\text{l-front}} \approx -\{nFD\pi r_0^2 C^*/d_{\text{conv}} + 0.62nF\pi[(r_1+2r_0)^3-r_1^3]^{2/3}D^{2/3}\cdot\nu^{-1/6}\cdot\omega^{1/2}\cdot C^*\cdot\alpha/360^{\circ}\}$$

$$=i_{\text{conv}}+k_{\text{l-front}}\cdot\omega^{1/2} \qquad (4.3)$$

其中，i_{conv} 是个常数值，为 0.2 ~ 0.3μA。并且在常规工作条件下，i_{conv} 相对于 $k_{\text{l-front}}\cdot\omega^{1/2}$ 可忽略，因此原式（4.2）依旧成立。

　　然而根据图 4-4（c）中后盘电极的极限扩散电流（$i_{\text{l-back}}$）与电极转速平方根（$\omega^{1/2}$）之间的 Levich 线性拟合曲线与 Levich 方程相一致，经过坐标系原点，因此也说明后盘电极的电流并不受自然对流的影响，这是因为其传质主要依赖电极旋转的切向传质，主要依赖电极转速，因此后盘电极的极限扩散电流遵从方程：

$$i_{\text{l-back}} = g_0 nFD'^{2/3}\cdot\nu^{-1/6}\cdot\omega^{1/2}\cdot C^* = k_{\text{l-back}}\cdot\omega^{1/2} \qquad (4.4)$$

其中，$i_{\text{l-back}}$ 是新型双盘电极后盘电极的极限扩散电流 [图 4-4（c）]；D' 是前盘电极产物的扩散系数；g_0 是与方法和电极尺寸相关的相关系数（Kundys et al.，2017）；F 为法拉第常数；ν 为溶液黏度；ω 是新型双盘电极的旋转速度；C^* 是反应物浓度；$k_{\text{l-back}}$ 是 $i_{\text{l-back}}$ vs. $\omega^{1/2}$ 线性拟合曲线的斜率 [（图 4-4（c）]。

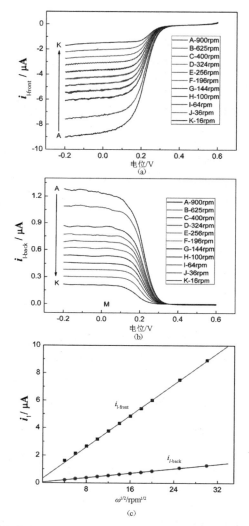

图4-4 （a）铁氰化钾在新型旋转双盘电极前盘电极表面还原过程中的电流 - 电位曲线，起始电位：0.6 V vs. Ag/AgCl，扫速：20mV/s，1mM $K_3[Fe(CN)_6]$/ 0.1M KNO_3 溶液；（b）相应的还原产物亚铁氰化钾在新型旋转双盘电极后盘电极表面被氧化过程中的电流 - 电位曲线，后盘电极的固定电位：0.4V vs. Ag/AgCl；（c）新型旋转双盘电极的前盘（$i_{l-front}$）与后盘（i_{l-back}）电极极限扩散电流与电极转速平方根（$\omega^{1/2}$）之间的线性关系曲线

根据式（4.1）、式（4.3）和式（4.4）得到收集系数计算公式:

$$N_{RABDE} = |i_{1\text{-back}}/i_{1\text{-front}}| = (i_{conv} + k_{1\text{-back}} \cdot \omega^{1/2})/k_{1\text{-front}} \cdot \omega^{1/2}$$

$$\approx k_{1\text{-back}}/k_{1\text{-front}} \tag{4.5}$$

我们利用不同转速下的前盘电极极限扩散电流和后盘电极极限扩散电流通过收集系数定义式［式（4.1）］进行计算，结果如表 4-1 所示，得到的收集系数的平均值是 0.144，相对标准偏差为 1.1%。该结果与通过式（4.5）利用前后盘电极极限扩散电流与转速平方根的 Levich 线性拟合曲线的斜率得到的结果（0.145）一致。

表 4-1　新型旋转双盘电极收集系数（N）的计算

变量	转速 ω/rpm	$i_{1\text{-front}}$/μA	$i_{1\text{-back}}$/μA	N_{RABDE}
1	36	−2.148	0.304	0.142
2	100	−3.180	0.460	0.145
3	256	−4.851	0.696	0.143
4	400	−6.021	0.859	0.143
5	625	−7.498	1.095	0.146
6	900	−8.921	1.274	0.143

4.3.4　新型3D打印旋转双盘电极屏蔽系数（S）的计算

除了收集系数（N）外，屏蔽系数（S）也是表征反应－收集体系很重要的参数。实际上，它反映了反应－收集体系中反应电极（前盘电极）在工作条件下，对收集电极（后盘电极）上氧化还原反应的影响（Hu, 2007; Napp et al., 1967）。我们将屏蔽系数（S）定义为式（4.6）中所示:

$$S_{RABDE} = 1 - (i_{1\text{-back}}/i_{0,1\text{-back}}) \tag{4.6}$$

其中，$i_{0,1\text{-back}}$ 是前盘电极（反应电极）处于开路条件下的后盘电极（收集电极）的极限扩散电流电流; $i_{0,1\text{-back}}$ 是对前盘电极施加固定电位时后盘电极的极限扩散电流。

我们在 100rpm、400rpm、900rpm 三个转速下，在前盘电极处于开路条件和施加固定电位的条件下，对后盘电极在 0.5～-0.2 V 范围内进行线性扫描，得到了如图 4-5 所示的电流－电位曲线。我们发现给前盘电极固定电位时，后盘电极的极限扩散电流比前盘电极处于开路时的后盘电极的极限扩散电流值小，这证明了前盘电极对后盘电极具有一定的屏蔽作用，并强调了切向流速驱动的旋转双盘电极间传质的重要性，由式（4.6）计算得出的屏蔽系数如表 4-2 所示，其平均值为 0.166，相对标准偏差为 9.1%。

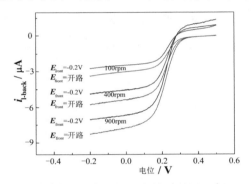

图 4-5　前盘电极处于开路条件（E_{front}＝开路）和施加固定电位（E_{front}＝-0.2 V）时的后盘电极的极限扩散电流－电位曲线；后盘电极扫描电位窗口：0.5～-0.2V，起始电位 0.5V vs. Ag/AgCl，扫速 20mV/s，溶液：1mM K₃[Fe(CN)₆]/0.1M KNO₃

表 4-2　新型旋转双盘电极屏蔽系数（S）的计算

变量	转速 ω /rpm	$i_{0,l-back}$/μA（开路）	i_{l-back}/μA（E_{front}=-0.2 V）	S_{RABDE}
1	100	-3.366	-2.764	0.179
2	400	-5.746	-4.844	0.157
3	900	-8.265	-7.013	0.152

4.3.5　新型3D打印旋转双盘电极在铜离子还原反应中的应用

　　铜离子体系在线性电位扫描时的还原过程分为两个阶段：第一阶段为二价铜离子还原为一价铜离子，$Cu^{2+} + e^- \rightarrow Cu^+$；第二阶段为二价铜离子直接通过两电子反应还原为零价铜，即铜单质，$Cu^{2+} + 2e^- \rightarrow Cu$。我们利用该反应对新型旋转双盘电极的电化学性能进行进一步的验证。图 4-6 展示的是在不同电极转速下，铜离子在旋转双盘电极表面的反应过程。图 4-6（a）为 1mM Cu（NO$_3$）$_2$的 0.5M KCl 溶液在前盘电极上还原的极限扩散电流 - 电位曲线，电位扫描窗口是 0.5 ~ −0.5 V。图 4-6（b）为后盘电极的极限扩散电流 - 电位图，对其施加的固定电位为 0.4V。图 4-6（a）有两个平台，前一平台（范围为 0.3 ~ −0.3 V）中 Cu^{2+} 在电极表面被还原为 Cu^+，相对应的图 4-6（b）中在同一时间出现平台电流，此时前盘电极上的还原产物 Cu^+ 被后盘电极收集，被重新氧化为 Cu^{2+}；当电位继续减小（小于 −0.3 V）时 Cu^+ 可被进一步还原，此时 Cu^{2+} 可被直接还原为铜单质（Cu），出现第二个平台电流，与其相对应的后盘电极的极限电流 - 电位曲线中，在该电位区域的电流为零，是因为铜单质在前盘电极表面还原沉积，并不会通过切向传质达到后盘电极。我们对 Cu^{2+} 还原为 Cu^+ 过程的前后盘电极极限扩散电流（$i_{l\text{-front}}$，$i_{l\text{-back}}$）与电极转速的平方根（$\omega^{1/2}$）作了 Levich 线性拟合曲线，由于 Cu^{2+} 的还原过程仍符合 Levich 方程，因此我们根据公式（4.5），利用 Cu^{2+} 还原体系对旋转双盘电极的收集系数进行了计算，得到计算值为 0.152，该数值与之前在铁氰化钾体系中计算得到的收集系数值基本一致。因此，我们实现了新型旋转双盘电极在铜离子体系中的电化学性能检测，这给新型旋转双盘电极在复杂体系中的应用提供了前提与可能。

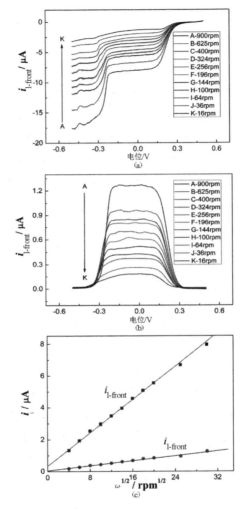

图 4-6 （a）Cu²⁺ 在新型旋转双盘电极前盘电极表面还原过程中的极限电流 –
电位曲线，起始电位：0.5 V vs. Ag/AgCl，扫速：20mV/s，1mM Cu（NO₃）₂/0.5M
KCl 溶液；（b）相应的还原产物 Cu⁺ 在新型旋转双盘电极后盘电极表面被氧化
时的极限电流 – 电位曲线，后盘电极的固定电位：0.4V vs. Ag/AgCl；（c）Cu²⁺
体系中 Cu²⁺ 被还原为 Cu⁺ 过程中新型旋转双盘电极的前盘（$i_{1\text{-front}}$）与后盘（$i_{1\text{-back}}$）
电极极限扩散电流与电极转速平方根（$\omega^{1/2}$）之间的线性关系曲线

4.3.6　新型3D打印旋转双盘电极在氧还原反应体系中的应用

氧还原反应是燃料电池阴极的重要反应。由于能源问题仍是世界上很重要的问题，因此很多科研人员致力于研究各种纳米材料的合成，并将其应用于氧还原反应的催化中，从而提高电池效率。目前，氧还原反应的研究多数依赖经典旋转圆盘电极或旋转环盘电极。在本节中，我们将新型旋转双盘电极应用于碱性条件下的氧还原反应研究中，计算了反应过程中的电子转移数，并探讨其可能的机理。

我们在充氧饱和的 0.1M KOH 溶液中，用新型旋转双盘电极进行了氧还原反应过程的研究。如图 4-7（a）所示是在不同电极转速下，用新型旋转双盘电极研究氧还原反应过程时前盘电极（反应电极）极限电流 - 电位示意图。前盘电极的电化学反应产物是通过施加 0.5V（vs. Ag/AgCl）的固定电位记录后盘电极的极限电流 - 电位曲线来进行监测的 [图 4-7（b）]。在 0.5V 处，作为可能的还原产物——过氧化氢可被氧化（图 4-8），因此后盘电极的固定电位选取 0.5V。实际上，在碱性条件下的氧还原过程并非是直接还原为 H_2O（4 电子还原过程），过程中会产生一定量的 H_2O_2（2 电子还原过程）（Zhou et al., 2016; Xiao Li,2005; Dodi Heryadi, 2005; Valdes and Cheh, 1985; Damjanovic et al., 1967）。目前，碱性条件下，铂电极上的阴极氧还原反应过程被普遍认可的机理如下所示：

$$[O_2 \leftrightarrow O_{2,ad}] + e^- \rightarrow O_2^- \qquad (4.7)$$

$$2\,O_2^- + H_2O \rightarrow O_2 + HO_2^- + OH^- \qquad (4.8)$$

和/或：

$$O_2^- + e^- + H_2O \leftrightarrow HO_2^- + OH^- \qquad (4.9)$$

$$HO_2^- + H_2O \rightarrow H_2O_2 + OH^- \tag{4.10}$$

并且，在铂电极上：

$$H_2O_2 + 2e^- \rightarrow 2\,OH^- \tag{4.11}$$

$$HO_2^- + 2e^- + H_2O \rightarrow 3\,OH^- \tag{4.12}$$

以上反应过程在电极表面的竞争作用决定了反应过程中的电子转移数在 2 电子与 4 电子之间变化，具体的计量数值主要取决于阴极电极材料。以下为两种反应过程的全反应方程式：

$$O_2 + 2e^- + 2\,H_2O \rightarrow H_2O_2 + 2\,OH^- \quad （2\,电子过程） \tag{4.13}$$

$$O_2 + 4e^- + 2\,H_2O \rightarrow 4\,OH^- \quad （4\,电子过程） \tag{4.14}$$

在铂电极上，在 pH 不是强碱性的条件下，4 电子过程是最被认可的反应过程。然而，实际过程中是否有部分溶解氧被还原为过氧化氢也很难确定。因此，可利用式（4.15）计算氧还原过程的电子转移数，从而对反应机理进行探讨。

$$n = 4 \times i_{\text{l-front}} / (\, i_{\text{l-front}} + i_{\text{l-back}} / N_{\text{RADBE}}) \tag{4.15}$$

其中，$i_{\text{l-front}}$ 是新型旋转双盘电极前盘电极上溶解氧还原的极限扩散电流（该工作中电流值取自 −0.6V 处的电流值），$i_{\text{l-back}}$ 是旋转双盘电极后电极上对氧还原中间体进行收集时的极限扩散电流，N_{RADBE} 是新型旋转双盘电极的收集系数。我们通过式（4.15）计算得到的结果如表 4-3 所示，不同转速下得到的电子转移数平均值为 3.81，很显然，该数值不受转速影响。根据以上数据，通过式（4.16）计算被还原为过氧化氢的溶解氧的比例（p）（Zhou et al., 2016）：

$$p = （4-n）/ 2 \tag{4.16}$$

通过计算得知，大约有 10% 的溶解氧被还原为过氧化氢。从图 4-7（b）中出现的峰值电流可以看出，在 −0.2V vs. Ag/AgCl 的电位处，有大量的过氧化氢从前盘电极处逃脱，没有被进一步还原，因此被后盘电极捕获。该现象与图 4-8 中过氧化氢还原的峰值相符合。由于切向流速展现的特别的反应－收集性质，新型旋转双盘电极实现了氧还原反应过程的监测及电子转移数的计量检测。

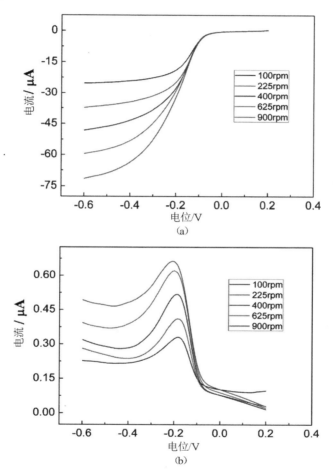

图 4-7   （a）不同转速下，旋转双盘电极前盘电极上氧还原反应的电流－电位曲线，溶液：氧气饱和的 0.1M KOH，电位窗口：从 0.2V 到 −0.6V vs. Ag/AgCl，扫速：20mV/s；（b）旋转双盘电极后盘电极上对氧还原反应产物收集过程中的电流－电位曲线，固定电位：0.5V vs. Ag/AgCl

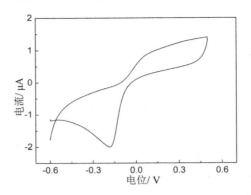

图 4-8　碱性除氧条件下，过氧化氢在铂电极上的循环伏安曲线

表 4-3　碱性条件下，氧还原反应过程电子转移数的计算

变量	转速 ω /rpm	$i_{l-front}$/μA	i_{l-back}/μA	n
1	100	24.85	0.218	3.77
2	225	36.09	0.254	3.81
3	400	46.30	0.290	3.83
4	625	57.33	0.371	3.83
5	900	68.86	0.470	3.82

4.4　本章小结

在本章中，我们设计了一款新型反应－收集体系——新型 3D 打印旋转双盘电极。我们利用 3D 打印技术实现了电极外形的精确设计与打印，并用简单的方法自制了旋转双盘电极。该新型旋转双盘电极利用了电极旋转平面上快速的切向传质，而不像传统反应－收集体系（如旋转圆盘电极、旋转环盘电极）通过径向流速进行传质。实验结果显示，在同一转速下，新型旋转双盘电极的电流密度比相同尺寸的旋转圆盘与旋转环盘电极高，具有较

高的灵敏度，可在较低的转速下实现传统旋转圆盘电极与旋转环盘电极在较高转速下进行的检测，因此利用新型旋转双盘电极可避免使用特殊的反应池和高速马达。我们通过经典的单电子可逆反应体系（铁氰化钾的还原）对新型旋转圆盘电极进行了收集与屏蔽实验，计算了电极的两个重要参数（收集系数 N、屏蔽系数 S），并对其电化学行为进行了表征；新型旋转双盘电极对复杂体系机理的研究是在铜离子还原体系中进行的，并得到了精确的结果；而后，我们用该旋转双盘电极对碱性条件下氧还原反应过程的机理进行了监测与探讨，并实现了反应过程电子转移数的计量计算。由于 3D 打印技术的引入，简化了电极的制作过程，拓宽了电极材料的选择范围，可根据电极材料选择不同 3D 打印的电极外壳，实现旋转双盘电极的制作。新型 3D 打印旋转双盘电极具有制作简单、操作方便、电化学性能好、灵敏度高等优点，因此新型 3D 打印旋转双盘电极可作为一种可靠的选择，在电化学动力学研究领域具有很好的应用前景。

研究总结

　　电化学发光方法具有背景干扰小、灵敏度高、操作简单、检测快速且易于实现可视化检测等优点，从而在生物分析、药物分析、临床诊断，以及食品与环境监测等领域具有广泛的应用。发展新型电化学发光体系，建立多种直接或间接的电化学发光检测方法，不仅可以为电化学发光领域提供理论基础，也可给各个领域的实际应用提供庞大的数据库。随着社会日益增长的需求，现场即时检测成为一种发展趋势，因此便携式微型设备成为分析化学领域的又一发展趋势。电化学动力学理论研究主要利用经典反应－收集体系，旋转环盘电极，然而商业旋转环盘电极制作复杂且昂贵，并且由于电极自身严格的要求导致电极脆弱、易于损坏，因此开发一种新型反应－收集体系来弥补旋转环盘电极的劣势是很有必要的。在书文中我们围绕新电化学发光体系的建立及电化学/电化学发光器件的设计进行了一系列研究。研究成果如下：

　　（1）在20种氨基酸中只有组氨酸结构中具有咪唑环。咪唑环可作为三齿配体与铜离子相结合形成铜离子－组氨酸复合物。光泽精在负电位处具有很强的阴极电化学发光信号，该信号的强度与溶液中溶解氧反应产生的超氧自由基离子有很大关系。然而铜离子作为一种超氧自由基捕获剂可有效淬灭光泽精的阴极电化学发光，由于组氨酸可选择性地与铜离子进行结合，从而使光泽精阴极发光恢复，恢复的发光信号与组氨酸浓度呈正比，因而实现对组氨酸的定量检测。我们得到的线性范围为 $0.1 \sim 30\mu M$，检测限为 35nM。该体系对其他 19 种氨基酸并无响应，因此该体系对组氨酸具有很高的选择性。

（2）电磁感应技术是一种短程无线传输技术。我们将该技术与电化学发光技术相结合设计了一款新型无线输电电化学发光阵列芯片。该芯片由八对等效的金电极对、接收线圈、整流二极管及发射端组成。当发射端有交流电通过时，变换的电场产生变换的磁场，在该磁场中放入阵列芯片，接收端线圈在变换的磁场中产生感应电动势，施加在接收线圈连接的八对并联的电极对上，从而发生电化学发光反应。为了减少无线输电电化学发光设备电路中高频交流电引起的反应活性中间体的损失，我们在接收端线路中加入整流二极管对线路中的交变电流进行整流，从而极大地提高了反应活性中间体的利用率，使体系的电化学发光强度增强大约 18000 倍，从而提高了设备的检测灵敏度。我们利用该器件实现了鲁米诺／过氧化氢体系中过氧化氢的多通道可视化检测。因此，该集成化的无线输电电化学发光阵列芯片可进一步实现高通量多通道的检测。

（3）设计了一款新型反应－收集体系——新型 3D 打印旋转双盘电极。我们利用 3D 打印技术实现了电极外形的精确设计与打印，并用简单的方法自制了旋转双盘电极。该新型旋转双盘电极利用了电极旋转平面上快速的切向传质，而不像传统反应－收集体系通过径向流速进行传质。实验结果显示，在同一转速下，新型旋转双盘电极的电流密度比相同尺寸的旋转圆盘与旋转环盘电极高，具有较高的灵敏度，可在较低的转速下实现传统旋转圆盘电极与旋转环盘电极在较高转速下进行的检测，因此利用新型旋转双盘电极可避免使用特殊的反应池和高速马达。我们通过经典的单电子可逆反应体系（铁氰化钾的还原）对新型旋转圆盘电极进行了收集与屏蔽实验，计算了电极的两个重要参数（收集系

数 N、屏蔽系数 S），并对其电化学行为进行了表征；新型旋转双盘电极对复杂体系机理的研究是在铜离子还原体系中进行的，并得到了精确的结果；而后，我们用该旋转双盘电极对碱性条件下氧还原反应过程的机理进行了监测与探讨，并实现了反应过程电子转移数的计量计算。由于 3D 打印技术的引入简化了电极的制作过程，拓宽了电极材料的选择范围，可根据电极材料选择不同 3D 打印的电极外壳，实现旋转双盘电极的制作。由于新型 3D 打印旋转双盘电极具有制作简单、操作方便、电化学性能好、灵敏度高等优点，因此新型 3D 打印旋转双盘电极可作为一种可靠的选择，在电化学动力学研究领域具有很好的应用前景。

参考文献

[1] Albery WJ, Bartlett PN, Cass AEG, et al. Electrochemical sensors: Theory and experiment[J]. Journal of the Chemical Society, 1986, 82: 1033-1050.

[2] Albery WJ, Brett CMA. The wall-jet ring-disc electrode: Part II — Collection efficiency, titration curves and anodic stripping voltammetry[J]. Journal of Electroanalytical Chemistry and Interfacial Electrochemistry, 1983, 148: 211-220.

[3] Albery WJ, Brett CMA. The wall-jet ring-disk electrode: Part I — Theory[J]. Journal of Electroanalytical Chemistry and Interfacial Electrochemistry, 1983, 148: 201-210.

[4] Albery WJ, Bruckenstein S. Ring-disc electrodes. Part 2—theoretical and experimental collection effciencies[J]. Transaction of Faraday Society, 1966, 62: 1920-1931.

[5] Albery WJ, Bruckenstein S. Ring disc electrodes. Part 6—second-order reactions[J]. Transaction of Faraday Society, 1966, 62: 2584-2595.

[6] Albery WJ, Hitchman ML, Ulstrup J. Ring-disc electrodes. Part 9—application to first-order kinetics[J]. Transaction of Faraday Society, 1968, 64: 2831-2840.

[7] Albery WJ, Hitchman ML, Ulstrup J. Ring-disc electrodes. Part 10—application to second-order kinetics[J]. Transaction of Fara-

day Society, 1969, 65: 1101-1112.

[8] Albery WJ, Stanley B. Ring-disc electrodes part 5—first-order kinetic collection efficiencies at the ring electrode[J]. Transaction of Faraday Society, 1966, 62: 1946-1954.

[9] Albery WJ, Stanley B, Johns DC. Ring-disc electrodes part 4—diffusion layer titration curves[J]. Transaction of Faraday Society, 1966, 62: 1938-1945.

[10] Alden JA, Compton RG. Hydrodynamic voltammetry with channel microband electrodes: Axial diffusion effects[J]. Journal of Electroanalytical Chemistry, 1996, 404: 27-35.

[11] Alden JA, Compton RG. The multigrid method, mgd 1: An efficient and stable approach to electrochemical modelling. The simulation of double electrode problems[J]. Journal of Electroanalytical Chemistry, 1996, 415: 1-12.

[12] Alexander B. Nepomnyashchii SC, Peter J Rossky, et al. Dependence of electrochemical and electrogenerated chemiluminescence properties on the structure of bodipy dyes. Unusually large separation between sequential electron transfers[J]. The Journal of American Chemical Society, 2010, 132: 17550–17559.

[13] Amatore C, Mota ND, Lemmer C, et al. Theory and experiments of transport at channel microband electrodes under laminar flows. 2. Electrochemical regimes at double microband assemblies under steady state[J]. Analytical Chemistry, 2008, 88: 9483-9490.

[14] Amatore C, Oleinick A, Klymenko OV, et al. In situ and online monitoring of hydrodynamic flow profiles in microfluidic channels based upon microelectrochemistry: Concept, theory, and validation[J]. Chemphyschem, 2005, 6: 1581-1589.

[15] Amatore C, Oleinick A, Svir I. Simulation of diffusion–convection processes in microfluidic channels equipped with double band microelectrode assemblies: Approach through quasi-conformal mapping[J]. Electrochemistry Communications, 2004, 6: 1123-1130.

[16] Amatore C, S Szunerits, Thouin L, et al. The real meaning of nernst's steady diffusion layer concept under non-forced hydrodynamic conditions. A simple model based on levich's seminal view of convection[J]. Journal of Electroanalytical Chemistry, 2001, 500:62-70.

[17] Andreas V, Sabina P, Andreasc S, et al. Changes in zinc speciation in field soil after contamination with zinc oxide[J]. Environmental Science & Technology, 2005, 39: 6616-6623.

[18] Aoki K. Quantative analysis of reversible diffusion-connolly currents of redox soluble species at interdigitated array electrodes under steady-state conditions[J]. Journal of Electroanalytical Chemistry and Interfacial Electrochemistry, 1988, 256: 269-282.

[19] Aoki K, Tanaka M. Time-dependence of diffusion-controlled currents of a soluble redox couple at interdigitated microarray electrodes[J]. Journal of Electroanalytical Chemistry and Interfacial Electrochemistry, 1989, 266: 11-20.

[20] Aoki K, Tokuda K, Matsuda H. Hydrodynamic voltammetry at channel electrodes: Part II — Theory of first-order kinetic collection efficiencies[J]. Journal of Electroanalytical Chemistry and Interfacial Electrochemistry, 1977, 79: 49-78.

[21] Arun A, Jan CTE, Werner E M, et al. A wireless electrochemiluminescence detector applied to direct and indirect detection for

electrophoresis on a microfabricated glass device[J]. Analytical Chemistry, 2001, 73: 3282-3288.

[22] Azizi SN, Ghasemi S, Samadi-Maybodi A, et al. A new modified electrode based on Ag-doped mesoporous SBA-16 nanoparticles as non-enzymatic sensor for hydrogen peroxide[J]. Sensors and Actuators B: Chemical, 2015, 216: 271-278.

[23] Babamiri B, Salimi A, Hallaj R. Switchable electrochemilumi-nescence aptasensor coupled with resonance energy transfer for selective attomolar detection of Hg^{2+} via CdTe@CdS/dendrimer probe and au nanoparticle quencher[J]. Biosensors and Bioelec-tronics, 2018, 102: 328-335.

[24] Backhurst JR, Coulson JM, Goodridge F, et al. A preliminary in-vestigation of fluidized bed electrodes[J]. Journal of the Electro-chemical Society, 1969, 116: 1600-1607.

[25] Bae Y, Lee DC, Rhogojina EV, et al. Electrochemistry and elec-trogenerated chemiluminescence of films of silicon nanoparticles in aqueous solution[J]. Nanotechnology, 2006, 17: 3791-3797.

[26] Bard AJF, L R. Electrochemical methods: Fundamentals and ap-plicatons[M]. Chichester: JOHN WILEY & SONS, INC.,2001.

[27] Bard JTMKBPAJ. Electrogenerated chemiluminescence. V. The rotating-ring-disk electrode. Digital simulation and experimental evaluation[J]. Journal of the American Chemical Society, 1971, 93: 5959-5968.

[28] Berg JM, Shi Y. The galvanization of biology: A growing appreci-ation for the roles of zinc[J]. Science, 1996, 271: 1081-1085.

[29] Bondar H, Oree S, Jagoo Z, et al. Estimate of the maximum range achievable by non-radiating wireless power transfer or near-field

communication systems[J]. Journal of Electrostatics, 2013, 71: 648-655.

[30] Bouffier L, Arbault S, Kuhn A, et al. Generation of electrochemiluminescence at bipolar electrodes: Concepts and applications[J]. Analytical and Bioanalytical Chemistry, 2016, 408: 7003-7011.

[31] Boys JT, Covic GA, Elliott GAJ. Pick-up transformer for icpt applications[J]. Electronics Letters, 2002, 38: 1276-1278.

[32] Brett CMA, Brett AMCFO, Compton RG, et al. The wall-jet ring-disc electrode: The measurement of homogeneous rate constants from steady state ring currents[J]. Electrocanalysis, 1991, 3: 631-636.

[33] Brett CMA, Neto MMPM. Voltammetric studies and stripping voltammetry of Mn（Ⅱ）at the wall-jet ring-disc electrode[J]. Journal of Electroanalytical Chemistry and Interfacial Electrochemistry, 1989, 258: 345-355.

[34] Bruckenstein PBS. Voltammetry of Iodine（1）chloride, iodine, and Iodate at rotated platinum disk and ring-disk electrodes[J]. Analytical Chemistry, 1968, 40: 1044-1051.

[35] Bustin D, Mesároš Š, Tomčík P, et al. Application of redox cycling enhanced current at an interdigitated array electrode for iron-trace determination in ultrapure spectral carbon[J]. Analytica Chimica Acta, 1995, 305: 121-125.

[36] Chen H, Li W, Wang Q, et al. Nitrogen doped graphene quantum dots based single-luminophor generated dual-potential electrochemiluminescence system for ratiometric sensing of Co^{2+} ion[J]. Electrochimica Acta, 2016, 214: 94-102.

[37] Chen X, Lu Q, Liu D, et al. Highly sensitive and selective deter-

mination of copper（Ⅱ）based on a dual catalytic effect and by using silicon nanoparticles as a fluorescent probe[J]. Microchimica Acta, 2018, 185: 188.

[38] Chen XM, Cai ZM, Lin ZJ, et al. A novel non-enzymatic ecl sensor for glucose using palladium nanoparticles supported on functional carbon nanotubes[J]. Biosensors and Bioelectronics, 2009, 24: 3475-3480.

[39] Chen Y, Xu J, Su J, et al. In situ hybridization chain reaction amplification for universal and highly sensitive electrochemiluminescent detection of DNA[J]. Analytical Chemistry, 2012, 84: 7750-7755.

[40] Cheney M. Tesla: Man out of time[M]. New York: Touchstone,1981.

[41] Cheng S, Chen X, Wang J, et al. Key technologies and applications of wireless power transmission[J]. Transication of China Electrotechnical Society, 2015, 30: 68-84.

[42] Choi CH, Kim M, Kwon HC, et al. Tuning selectivity of electrochemical reactions by atomically dispersed platinum catalyst[J]. Nature Communication, 2016, 7: 10922.

[43] Choi J-P, Bard AJ. Electrogenerated chemiluminescence（ECL）79:Reductive-oxidation ECL of tris（2,2-bipyridine）ruthenium（Ⅱ）using hydrogen peroxide as a coreactant in pH 7.5 phosphate buffer solution[J]. Analytica Chimica Acta, 2005, 541: 141-148.

[44] Coles BA, Dryfe RAW, Rees NV, et al. Voltammetry under high mass transport conditions.The application of the high speed channel electrode to the reduction of pentafluoronitrobenzene[J]. Jour-

nalof ElectroanalyticalChemistry, 1996, 411: 121-128.

[45] Compton R, Pritchard KL. Kinetics of the langmuirian adsorption of Cu（Ⅱ）ions at the calcite/water interface[J]. Journal of Chemical Society, Faraday Transaction, 1990, 86: 129-136.

[46] Compton RG, Fisher AC, Latham MH, et al. Transient measurements at the wall-jet ring disc electrode[J]. Journal of Applied Chemistry, 1992, 22: 1011-1016.

[47] Compton RG, Fisher AC, Latham MH, et al. Wall-jet electrodes: The importance of radial diffusion[J]. Journal of Applied Electrochemistry, 1993, 23: 98-102.

[48] Compton RG, Pritchard KL, Unwin PR. The dissolution of calcite in acid waters: Mass transport versus surface control[J]. Freshwater Biology, 1989, 22: 285-288.

[49] Compton RG, Stearn GM. Double-channel electrodes. Beyond the lévě que approximation[J]. Journal of the Chemical Society, 1988, 84: 4359-4367.

[50] Cooper JA, Compton RG. Channel electrodes - a review[J]. Electroanalysis, 1998, 10: 141-155.

[51] Crespo GA, Mistlberger G, Bakker E. Electrogenerated chemiluminescence for potentiometric sensors[J]. Journal of the American Chemical Society, 2012, 134: 205-207.

[52] Cui H, Li F, Shi M-J, et al. Inhibition of Ru complex electrochemiluminescence by phenols and anilines[J]. Electroanalysis, 2005, 17: 589-598.

[53] Cui H, Xu Y, Zhang Z-F. Multichannel electrochemiluminescence of luminol in neutral and alkaline aqueous solutions on a gold nanoparticle self-assembled electrode[J]. Analytical Chemistry,

2004, 76: 4002-4010.

[54] Cui H, Zou G-Z, Lin X-Q. Electrochemiluminescence of lumi-nol in alkaline solution at a paraffin-impregnated graphite elec-trode[J]. Analytical Chemistry, 2003, 75: 324-331.

[55] Dale SE, Vuorema A, Ashmore EM, et al. Gold-gold junction electrodes:The disconnection method[J]. Chemcal Record, 2012, 12: 143-148.

[56] Damjanovic A, Genshaw MA, Bockris JOM. Distinction between intermediates produced in main and side electrodic reactions[J]. The Journal of Chemical Physics, 1966, 45: 4057-4059.

[57] Damjanovic A, Genshaw MA, Bockris JOM. The role of hydro-gen peroxide in oxygen reduction at platinum in H_2SO_4 solu-tion[J]. Journal of the Electrochemical Society, 1967, 114: 466-472.

[58] Damjanovic A, Genshaw MA, Bockris JOM. The role of hydro-gen peroxide in oxygen reduction at rhodium electrodes[J]. The Journal of Physical Chemistry, 1967, 71: 3722-3731.

[59] Damjanovic A, Genshaw MA, Bockris JOM. The role of hydro-gen peroxide in the reduction of oxygen at platinum electrodes[J]. The Journal of Physical Chemistry, 1966, 70: 3761-3762.

[60] Damjanovic A, M A Genshaw, Bockris JOM. The mechanism of oxygen reduction at platinum in alkaline solutions with special reference to H_2O_2[J]. Journal of Electrochemical society, 1967, 114: 1107-1112.

[61] David M, Hercules FEL. Chemiluminescence from reduction re-actions[J]. Journal of the American Chemical Society, 1966, 88: 4745-4746.

[62] Deng W, Hong L-R, Zhao M, et al. Electrochemilumines-cence-based detection method of lead（Ⅱ）ion via dual en-hancement of intermolecular and intramolecular co-reaction[J]. Analyst, 2015, 140: 4206-4211.

[63] Dennany L, Forster RJ, White B, et al. Direct electrochemilumi-nescence detection of oxidized DNA in ultrathin films containing [Os（bpy）$_2$（pvp）$_{10}$]$^{2+}$[J]. Journal of the American Chemical Society, 2004, 126: 8835-8841.

[64] Di L. Fundamentals of electrochemisty[M]. Beijing, China: Bei-jing university of aeronautics and astronautics press,2008.

[65] Dick JE, Poirel A, Ziessel R, et al. Electrochemistry, electrogen-erated chemiluminescence, and electropolymerization of oligoth-ienyl-bodipy derivatives[J]. Electrochimica Acta, 2015, 178: 234-239.

[66] Diez I, Pusa M, Kulmala S, et al. Color tunability and electroche-miluminescence of silver nanoclusters[J]. Angewandte Chemie, International Edition in English, 2009, 48: 2122-2125.

[67] Doeven EH, Barbante GJ, Kerr E, et al. Red-green-blue electro-generated chemiluminescence utilizing a digital camera as detec-tor[J]. Analytical Chemistry, 2014, 86: 2727-2732.

[68] Doeven EH, Zammit EM, Barbante GJ, et al. A potential-con-trolled switch on/off mechanism for selective excitation in mixed electrochemiluminescent systems[J]. Chemical Science, 2013, 4: 977-982.

[69] Driscoll CT, Mason RP, Chan HM, et al. Mercury as a global pol-lutant: Sources, pathways, and effects[J]. Environmental Science & Technology, 2013, 47: 4967-4983.

[70] Du X, Jiang D, Hao N, et al. An on（1）-off-on（2）electroche-miluminescence response: Combining the intermolecular specific binding with a radical scavenger[J]. Chemical Communications, 2015, 51: 11236-11239.

[71] Duan R, Zhou X, Xing D. Electrochemiluminescence biobarcode method based on cysteamine-gold nanoparticle conjugates[J]. Analytical Chemistry, 2010, 82: 3099–3103.

[72] Edward OB, Grace E M Lewis, Sara E C Dale, et al. Generator-collector double electrode systems: A review[J]. Analyst, 2012, 137: 1068–1081.

[73] Elbaz J, Shlyahovsky B, Willner I. A dnazyme cascade for the amplified detection of Pb^{2+} ions or 1-histidine[J]. Chemical Communications, 2008: 1569-1571.

[74] Feng QM, Pan JB, Zhang HR, et al. Disposable paper-based bipolar electrode for sensitive electrochemiluminescence detection of a cancer biomarker[J]. Chemical Communications, 2014, 50: 10949-10951.

[75] Feng X, Zhang Y, Song J, et al. MnO_2/graphene nanocomposites for nonenzymatic electrochemical detection of hydrogen peroxide[J]. Electroanalysis, 2015, 27: 353-359.

[76] Fernandez-Hernandez JM, Longhi E, Cysewski R, et al. Photophysics andelectrochemiluminescence of bright cyclometalated ir（Ⅲ）complexes in aqueous solutions[J]. Analytical Chemistry, 2016, 88: 4174-4178.

[77] Fisher AC, Compton RG. Double-channel electrodes: Homogeneous kinetics and collection efficiency measurements[J]. Journal of Applied Electrochemistry, 1991, 21: 208-212.

[78] Fosdick SE, Knust KN, Scida K, et al. Bipolar electrochemistry[J]. Angewandte Chemie International Edition, 2013, 52: 10438-10456.

[79] French RW, Chan Y, Bulman-Page PC, et al. Liquid-liquid ion transport junctions based on paired gold electrodes in generator-collector mode[J]. Electrophoresis, 2009, 30: 3361-3365.

[80] French RW, Gordeev SN, Raithby PR, et al. Paired gold junction electrodes with submicrometer gap[J]. Journal of Electroanalytical Chemistry, 2009, 632: 206-210.

[81] French RW, Marken F. Growth and characterisation of diffusion junctions between paired gold electrodes: Diffusion effects in generator–collector mode[J]. Journal of Solid State Electrochemistry, 2008, 13: 609-617.

[82] Frumkin ANN, LN. A rotating disk and ring electrode[J]. Doklady Akademii Nauk SSSR, 1959, 126: 115-118.

[83] Furuta T, Katayama M, Shibasaki H, et al. Simultaneous determination of stable isotopically labelled l-histidine and urocanic acid in human plasma by stable isotope dilution mass spectrometry[J]. Journal of Chromatography B: Biomedical Sciences and Applications, 1992, 576: 213-219.

[84] Galizzi M, Caldara M, Re V, et al. A novel qi-standard compliant full-bridge wireless power charger for low power devices[J]. 2013 IEEE Wireless Power Transfer（WPT）,44-47.

[85] Gao W, Hui P, Qi L, et al. Determination of copper（Ⅱ）based on its inhibitory effect on the cathodic electrochemiluminescence of lucigenin[J]. Microchimica Acta, 2016, 184: 693-697.

[86] Gao W, Muzyka K, Ma X, et al. A single-electrode electrochemi-

cal system for multiplex electrochemiluminescence analysis based on a resistance induced potential difference[J]. Chemical Science, 2018, 9: 3911-3916.

[87] Gao W, Saqib M, Qi L, et al. Recent advances in electrochemiluminescence devices for point-of-care testing[J]. Current Opinion in Electrochemistry, 2017, 3: 4-10.

[88] Gao Y, Shao J, Liu F. Determination of zinc ion based on electrochemiluminescence of Ru（phen）$_3^{2+}$ and phenanthroline[J]. Sensors and Actuators B: Chemical, 2016, 234: 380-385.

[89] Haapakka KE, Kankare JJ. The mechanism of the electrogenerated chemiluminescence of luminol in aqueous alkaline solution[J]. Analytica Chimica Acta, 1982, 138: 263-275.

[90] Haghighatbin MA, Lo SC, Burn PL, et al. Electrochemically tuneable multi-colour electrochemiluminescence using a single emitter[J]. Chemical Science, 2016, 7: 6974-6980.

[91] Haghighi B, Tavakoli A, Bozorgzadeh S. Cathodic electrogenerated chemiluminescence of luminol on glassy carbon electrode modified with cobalt nanoparticles decorated multi-walled carbon nanotubes[J]. Electrochimica Acta, 2015, 154: 259-265.

[92] Han S, Zhai J, Shi L, et al. Rotating minidisk–disk electrodes[J]. Electrochemistry Communications, 2007, 9: 1434-1438.

[93] Han S, Zhang Z, Li S, et al. Chemiluminescence and electrochemiluminescence applications of metal nanoclusters[J]. Science China Chemistry, 2016, 59: 794-801.

[94] Hao N, Wang K. Recent development of electrochemiluminescence sensors for food analysis[J]. Analytical and Bioanalytical Chemistry, 2016, 408: 7035-7048.

[95] Harris HH, Pickering IJ, George GN. The chemical form of mercury in fish[J]. Science, 2003, 301: 1203.

[96] Harvey N. Luminescence during electrolysis [J]. The Journal of Physical Chemistry, 1929, 33: 1456-1459.

[97] He LJ, Wu MS, Xu JJ, et al. A reusable potassium ion biosensor based on electrochemiluminescence resonance energy transfer[J]. Chemical Communications (Cambridge, England), 2013, 49: 1539-1541.

[98] Hercules DM. Chemiluminescence resulting from electrochemically generated species[J]. Science, 1964, 145: 808-809.

[99] Hesari M, Lu JS, Wang S, et al. Efficient electrochemiluminescence of a boron-dipyrromethene (BODIPY) dye[J]. Chemical Communications, 2015, 51: 1081-1084.

[100] Hu AP, Boys JT, Covic GA. Frequency analysis and computation of a current-fed resonant converter for icpt power supplies[J].2000 International Conference on Power System Technology,327-332.

[101] Hu HL, Ning. Electrochemical measurement[M]. Beijing, China: National Defence Industry Press,2007.

[102] Hu L, Bian Z, Li H, et al. [Ru (bpy) $_2$dppz]$^{2+}$ electrochemiluminescence switch and its applications for DNA interaction study and label-free ATP aptasensor[J]. Analytical Chemistry, 2009, 81: 9807-9811.

[103] Hu L, Liu X, Cecconello A, et al. Dual switchable cret-induced luminescence of CdSe/ZnS quantum dots (QDs) by the hemin/G-quadruplex-bridged aggregation and deaggregation of two-sized QDs[J]. Nano Letters, 2014, 14: 6030-6035.

[104] Hu L, Xu G. Applications and trends in electrochemiluminescence[J]. Chemical Society Reviews, 2010, 39: 3275-3304.

[105] Huan J, Liu Q, Fei A, et al. Amplified solid-state electrochemiluminescence detection of cholesterol in near-infrared range based on CdTe quantum dots decorated multiwalled carbon nanotubes@reduced graphene oxide nanoribbons[J]. Biosensors and Bioelectronics, 2015, 73: 221-227.

[106] Huang RF, Liu HX, Gai QQ, et al. A facile and sensitive electrochemiluminescence biosensor for Hg^{2+} analysis based on a dual-function oligonucleotide probe[J]. Biosensors and Bioelectronics, 2015, 71: 194-199.

[107] Jenčušová P, Tomčík P, Bustin D, et al. Calibrationless determination of electroactive species using chronoamperograms at collector segment of interdigitated microelectrode array[J]. Chemical Papers, 2006: 60.

[108] Jia S-M, Liu X-F, Li P, et al. G-quadruplex dnazyme-based Hg^{2+} and cysteine sensors utilizing Hg^{2+}-mediated oligonucleotide switching[J]. Biosensors and Bioelectronics, 2011, 27: 148-152.

[109] Jiang D, Du X, Liu Q, et al. One-step thermal-treatment route to fabricate well-dispersed zno nanocrystals on nitrogen-doped graphene for enhanced electrochemiluminescence and ultrasensitive detection of pentachlorophenol[J]. ACS Applied Materials and Interfaces, 2015, 7: 3093-3100.

[110] Jiang P, Chen L, Lin J, et al. Novel zinc fluorescent probe bearing dansyl and aminoquinoline groupselectronic supplementary information（ESI）available: NMR spectra and assignment, UV titration details, crystal structure and competitive fluorescent

experiments of 1. See [J]. Chemical Communications, 2002:
1424-1425.

[111] Jiao Y, Zheng Y, Jaroniec M, et al. Design of electrocatalysts for
oxygen- and hydrogen-involving energy conversion reactions[J].
Chemical Society Reviews, 2015, 44: 2060-2086.

[112] Jie G, Jie G. Sensitive electrochemiluminescence detection of
cancer cells based on a CdSe/ZnS quantum dot nanocluster by
multibranched hybridization chain reaction on gold nanoparti-
cles[J]. RSC Advances, 2016, 6: 24780-24785.

[113] Jie G, Qin Y, Meng Q, et al. Autocatalytic amplified detection of
DNA based on a CdSe quantum dot/folic acid electrochemilumi-
nescence energy transfer system[J]. Analyst, 2015, 140: 79-82.

[114] Ju GZH. Electrogenerated chemiluminescence from a CdSe
nanocrystal film and its sensing application in aqueous solu-
tion[J]. Analytical Chemistry, 2004, 76: 6871-6876.

[115] Kerr E, Doeven EH, Barbante GJ, et al. Annihilation electrogen-
erated chemiluminescence of mixed metal chelates in solution:
Modulating emission colour by manipulating the energetics[J].
Chemical Science, 2015, 6: 472-479.

[116] Kirschbaum SE, Baeumner AJ. A review of electrochemilumi-
nescence（ECL）in and for microfluidic analytical devices[J].
Analytical and Bioanalytical Chemistry, 2015, 407: 3911-3926.

[117] Kitte SA, Gao W, Zholudov YT, et al. Stainless steel electrode
for sensitive luminol electrochemiluminescent detection of H_2O_2,
glucose, and glucose oxidase activity[J]. Analytical Chemistry,
2017, 89: 9864-9869.

[118] Klymenko OV, Oleinick AI, Amatore C, et al. Reconstruction of

hydrodynamic flow profiles in a rectangular channel using electrochemical methods of analysis[J]. Electrochimica Acta, 2007, 53: 1100-1106.

[119] Kramm UI, Herrmann-Geppert I, Bogdanoff P, et al. Effect of an ammonia treatment on structure, composition, and oxygen reduction reaction activity of Fe–N–C catalysts[J]. The Journal of Physical Chemistry C, 2011, 115: 23417-23427.

[120] Kundys M, Nejbauer M, Jonsson-Niedziolka M, et al. Generation-collection electrochemistry inside a rotating droplet[J]. Analytical Chemistry, 2017, 89: 8057-8063.

[121] Kurita R, Arai K, Nakamoto K, et al. Determination of DNA methylation using electrochemiluminescence with surface accumulable coreactant[J]. Analytical Chemistry, 2012, 84: 1799-1803.

[122] Kurita R, Arai K, Nakamoto K, et al. Development of electrogenerated chemiluminescence-based enzyme linked immunosorbent assay for sub-pm detection[J]. Analytical Chemistry, 2010, 82: 1692-1697.

[123] Kurs A, Karalis A, Moffatt R, et al. Wireless power transfer via strongly coupled magnetic resonances[J]. Science, 2007, 317: 83-86.

[124] Kwok-Fan CFoMR, M Crooks. Wireless electrochemical DNA microarray sensor[J]. Journal of American Chemical Society, 2008, 130: 7544–7545.

[125] Lai J, Niu W, Luque R, et al. Solvothermal synthesis of metal nanocrystals and their applications[J]. Nano Today, 2015, 10: 240-267.

[126] Lei YM, Huang WX, Zhao M, et al. Electrochemiluminescence resonance energy transfer system: Mechanism and application in ratiometric aptasensor for lead ion[J]. Analytical Chemistry, 2015, 87: 7787-7794.

[127] Lei YM, Wen RX, Zhou J, et al. Silver ions as novel coreaction accelerator for remarkably enhanced electrochemiluminescence in a PTCA-S_2O_8 ($^{2-}$) system and its application in an ultrasensitive assay for mercury ions[J]. Analytical Chemistry, 2018, 90: 6851-6858.

[128] Lei YM, Zhao M, Wang A, et al. Electrochemiluminescence of supramolecular nanorods and their application in the "on-off-on" detection of copper ions[J]. Chemistry A European Journal, 2016, 22: 8207-8214.

[129] Levich VG. The theory of concentration polarization[J]. Acta Physicochim URSS, 1942, 17: 257-307.

[130] Li J, Guo S, Wang E. Recent advances in new luminescent nanomaterials for electrochemiluminescence sensors[J]. RSC Advances, 2012, 2: 3579.

[131] Li J, Lu L, Kang T, et al. Intense charge transfer surface based on graphene and thymine-Hg（Ⅱ）-thymine base pairs for detection of Hg^{2+} [J]. Biosensors and Bioelectronics, 2016, 77: 740-745.

[132] Li LD, Chen ZB, Zhao HT, et al. Electrochemical real-time detection of l-histidine via self-cleavage of DNAzymes[J]. Biosensors and Bioelectronics, 2011, 26: 2781-2785.

[133] Li L, Chen Y, Zhu JJ. Recent advances in electrochemiluminescence analysis[J]. Analytical Chemistry, 2017, 89: 358-371.

[134] Li L, Liu H, Shen Y, et al. Electrogenerated chemiluminescence of au nanoclusters for the detection of dopamine[J]. Analytical Chemistry, 2011, 83: 661-665.

[135] Li L, Ning X, Qian Y, et al. Porphyrin nanosphere–graphene oxide composite for ehanced electrochemiluminescence and sensitive detection of Fe^{3+} in human serum[J]. Sensors and Actuators B: Chemical, 2018, 257: 331-339.

[136] Li M, Kong Q, Bian Z, et al. Ultrasensitive detection of lead ion sensor based on gold nanodendrites modified electrode and electrochemiluminescent quenching of quantum dots by electrocatalytic silver/zinc oxide coupled structures[J]. Biosensors and Bioelectronics, 2015, 65: 176-182.

[137] Li X, Ma H, Nie L, et al. A novel fluorescent probe for selective labeling of histidine[J]. Analytica Chimica Acta, 2004, 515: 255-260.

[138] Lim JK, Kim Y, Lee SY, et al. Spectroscopic analysis of l-histidine adsorbed on gold and silver nanoparticle surfaces investigated by surface-enhanced raman scattering[J]. Spectrochimica Acta Part A: Molecular and Biomolecular Spectroscopy, 2008, 69: 286-289.

[139] Lin Z, Sun J, Chen J, et al. The electrochemiluminescent behavior of luminol on an electrically heating controlled microelectrode at cathodic potential[J]. Electrochimica Acta, 2007, 53: 1708-1712.

[140] Liu G, Yuan Y, Wang J. Hemin/G-quadruplex DNAzyme nanowires amplified luminol electrochemiluminescence system and its application in sensing silver ions[J]. RSC Advances, 2016, 6:

37221-37225.

[141] Liu X, Qi W, Gao W, et al. Remarkable increase in luminol electrochemiluminescence by sequential electroreduction and electrooxidation[J]. Chemical Communications, 2014, 50, 14662-14665.

[142] Liu X, Shi L, Niu W, et al. Environmentally friendly and highly sensitive ruthenium（Ⅱ）tris（2,2'-bipyridyl）electrochemiluminescent system using 2-（dibutylamino）ethanol as co-reactant[J]. Angewandte Chemie, International Edition in English, 2007, 46: 421-424.

[143] Liu Z, Qi W, Xu G. Recent advances in electrochemiluminescence[J]. Chemical Society Reviews, 2015, 44: 3117-3142.

[144] Liu Z, Zhang W, Qi W, et al. Label-free signal-on atp aptasensor based on the remarkable quenching of tris（2,2[prime or minute]-bipyridine）ruthenium（Ⅱ）electrochemiluminescence by single-walled carbon nanohorn[J]. Chemical Communications, 2015, 51: 4256-4258.

[145] Loget G, Kuhn A. Shaping and exploring the micro- and nanoworld using bipolar electrochemistry[J]. Analytical and Bioanalytical Chemistry, 2011, 400: 1691-1704.

[146] Lu Q, Zhang J, Wu Y, et al. Cathodic electrochemiluminescence behavior of an ammonolysis product of 3,4,9,10-perylenetetracarboxylic dianhydride in aqueous solution and its application for detecting dopamine[J]. RSC Advances, 2015, 5: 22289-22293.

[147] Lv X, Pang X, Li Y, et al. Electrochemiluminescent immune-modified electrodes based on $Ag_2Se@CdSe$ nanoneedles

loaded with polypyrrole intercalated graphene for detection of CA724[J]. ACS Applied Materials and Interfaces, 2015, 7: 867-872.

[148] Ma H, Li X, Yan T, et al. Electrochemiluminescent immuno-sensing of prostate-specific antigen based on silver nanoparti-cles-doped Pb（Ⅱ）metal-organic framework[J]. Biosensors and Bioelectronics, 2016, 79: 379-385.

[149] Ma H, Zhou J, Li Y, et al. A label-free electrochemiluminescence immunosensor based on $EuPO_4$ nanowire for the ultrasensitive detection of prostate specific antigen[J]. Biosensors and Bioelec-tronics, 2016, 80: 352-358.

[150] Makoto W, Mohamed ES, Qureshi A, Rashid , et al. Conse-quences of low plasma histidine in chronic kidney disease patients: Associations with inflammation, oxidative stress, and mortality[J]. The American Journal of Clinical Nutrition, 2008, 87: 1860-1866.

[151] Marquette C. Electrochemiluminescent biosensors array for the concomitant detection of choline, glucose, glutamate, lactate, ly-sine and urate[J]. Biosensors and Bioelectronics, 2003, 19: 433-439.

[152] Matysik FM. Voltammetric characterization of a dual-disk mi-croelectrode in stationary solution[J]. Ekcfrochimica Acta, 1997, 42: 3113-3116.

[153] McCall J, Alexander C, Richter M M. Quenching of electro-generated chemiluminescence by phenols, hydroquinones, cat-echols, and benzoquinones[J]. Analytical Chemistry, 1999, 71: 2523-2527.

[154] Menshykau D, Cortina-Puig M, del Campo FJ, et al. Plane-recessed disk electrodes and their arrays in transient generator–collector mode: The measurement of the rate of the chemical reaction of electrochemically generated species[J]. Journal of Electroanalytical Chemistry, 2010, 648: 28-35.

[155] Menshykau D, Javier del Campo F, Muñoz FX, et al. Current collection efficiency of micro- and nano-ring-recessed disk electrodes and of arrays of these electrodes[J]. Sensors and Actuators B: Chemical, 2009, 138: 362-367.

[156] Menshykau D, Mahony AMO, Campo FJd, et al. Microarrays of ring-recessed disk electrodes in transient generator-collector mode: Theory and experiment[J]. Analytical Chemistry, 2009, 81: 9372-9382.

[157] Miao W. Electrogenerated chemiluminescence and its biorelated applications[J]. Chemical Reviews, 2008, 108: 2506-2553.

[158] Morgan WT. Serum histidine-rich glycoprotein levels are decreased in acquired immune deficiency syndrome and by steroid therapy[J]. Biochemical Medicine and Metabolic Biology, 1986, 36: 210-213.

[159] Napp DT, Johnson DC, Bruckenstein S. Simultaneous and independent potentiostatic control of two indicator electrodes. Application to the copper（Ⅱ）/copper（Ⅰ）/copper system in 0.5M potassium chloride at the rotating ring-disk electrode[J]. Analytical Chemistry, 1967, 39: 481-485.

[160] Needleman H. Lead poisoning[J]. Annual Review of Medicine, 2004, 55: 209-222.

[161] Nekrasov LN. Detection and identification of intermediate and

final products of electrochemical reactions by means of the ro-
tating ring-disc electrode method[J]. Faraday Discussions of the
Chemical Society, 1973, 56: 308-316.

[162] Nepomnyashchii AB, Pistner AJ, Bard AJ, et al. Synthesis, pho-
tophysics, electrochemistry and electrogenerated chemilumines-
cence of PEG-modified BODIPY dyes in organic and aqueous
solutions[J]. Journal of Physical Chemistry C: Nanomaterials
and Interfaces, 2013, 117: 5599-5609.

[163] P Tomčík, S Jursa, Š Mesároš, et al. Titration of As（Ⅲ）with
electrogenerated iodine in the diffusion layer of an interdigitated
microelectrode array[J]. Journal of Electroanaltical Chemistry,
1997, 423: 115-118.

[164] Paixao TRLC, Matos RC, Bertotti M. Design and characterisa-
tion of a thin-layered dual-band electrochemical cell[J]. Electro-
chimica Acta, 2003, 48: 691-698.

[165] Pang X, Li J, Zhao Y, et al. Label-free electrochemiluminescent
immunosensor for detection of carcinoembryonic antigen based
on nanocomposites of GO/MWCNTs-COOH/Au@CeO$_2$[J].
ACS Applied Materrials and Interfaces, 2015, 7: 19260-19267.

[166] Patrick RU. The ece-disp1 problem: General resolution via dou-
ble channel electrode collection efficiency measurements[J].
Journal of Electroanalytical Chemistry and Interfacial Electro-
chemistry, 1991, 297: 103-124.

[167] Phillips CG, Stone HA. Theoretical calculation of collection
efficiencies for collector-generator microelectrode systems[J].
Journal of ElectroanalyticulChemistry, 1997, 437: 157-165.

[168] Pijl Fvd, Bauer P, Castilla M. Control method for wireless in-

ductive energy transfer systems with relatively large air gap[J]. IEEE Transactions on Industrial Electronics, 2013, 60: 382-390.

[169] Pinaud F, Russo L, Pinet S, et al. Enhanced electrogenerated chemiluminescence in thermoresponsive microgels[J]. Journal of the American Chemical Society, 2013, 135: 5517-5520.

[170] Prasad BB, Kumar D, Madhuri R, et al. Metal ion mediated imprinting for electrochemical enantioselective sensing of l-histidine at trace level[J]. Biosensors and Bioelectronics, 2011, 28: 117-126.

[171] Qi W, Lai J, Gao W, et al. Wireless electrochemiluminescence with disposable minidevice[J]. Analytical Chemistry, 2014, 86: 8927-8931.

[172] Ren T, Xu JZ, Tu YF, et al. Electrogenerated chemiluminescence of CdS spherical assemblies[J]. Electrochemistry Communications, 2005, 7: 5-9.

[173] Richter MM. Electrochemiluminescence（ECL）[J]. Chemical Reviews, 2004, 104: 3003-3036.

[174] Rizwan M, Mohd-Naim NF, Ahmed MU. Trends and advances in electrochemiluminescence nanobiosensors[J]. Sensors（Basel）, 2018, 18:166.

[175] Robbyn K, Anand DRL, Kwok-Fan Chow, et al. Crooks, Richard M. Crooks. Bipolar electrodes: A useful tool for concentration, separation, and detection of analytes in microelectrochemical systems[J]. Analytical Chemistry, 2010, 82: 8766–8774.

[176] S Swathirajan SB. Interpretation of potentiostatic transient behavior during the underpotential deposition of silver on gold using the rotating ring-disk electrode[J]. Journal of the Electro-

chemical Society, 1982, 129: 1202-1210.

[177] Sakura S. Electrochemiluminescence of hydrogen peroxide-lu-minol at a carbon electrode[J]. Analytica Chimica Acta, 1992, 262: 49-57.

[178] Salahifar E, Dadpou B, Nematollahi D. New insights into the electrochemical oxidation of aniline-dimers in non-aqueous solutions, kinetic parameters obtained by koutecký-levich method[J]. Journal of Electroanalytical Chemistry, 2016, 782: 207-214.

[179] Santhanam KSVB, A J. Chemiluminescence of electrogenerated 9,10- diphenylanthracene anion radical[J]. Journal of the American Chemical Society, 1965, 87: 139-140.

[180] Sasaki H, Maeda M. Dissolution rates of Au from Au–Zn compounds measured by channel flow double electrode method[J]. Journal of the Electrochemical Society, 2010, 157: C414.

[181] Sasaki H, Miyake M, Maeda M. Enhanced dissolution rate of pt from a Pt–Zn compound measured by channel flow double electrode[J]. Journal of the Electrochemical Society, 2010, 157: E82-E87.

[182] Seisko S, Lampinen M, Aromaa J, et al. Kinetics and mecha-nisms of gold dissolution by ferric chloride leaching[J]. Minerals Engineering, 2018, 115: 131-141.

[183] Sentic M, Arbault S, Bouffier L, et al. 3D electrogenerated che-miluminescence: From surface-confined reactions to bulk emis-sion[J]. Chemical Science, 2015, 6: 4433-4437.

[184] Sentic M, Milutinovic M, Kanoufi F, et al. Mapping electro-generated chemiluminescence reactivity in space: Mechanistic

insight into model systems used in immunoassays[J]. Chemical Science, 2014, 5: 2568-2572.

[185] Seshadri S, Beiser A, Selhub J, et al. Plasma homocysteine as a risk factor for dementia and alzheimer's disease[J]. New England Journal of Medicine, 2002, 346: 476-483.

[186] Shrestha BR, Yadav AP, Nishikata A, et al. Application of channel flow double electrode to the study on platinum dissolution during potential cycling in sulfuric acid solution[J]. Electrochimica Acta, 2011, 56: 9714-9720.

[187] Stanley B. Unraveling reactions with rotating electrodes[J]. Accounts of Chemical Research, 1977, 10: 54-61.

[188] Stewart AJ, O'Reilly EJ, Moriarty RD, et al. A cholesterol biosensor based on the nir electrogenerated-chemiluminescence （ECL） of water-soluble CdSeTe/ZnS quantum dots[J]. Electrochimica Acta, 2015, 157: 8-14.

[189] Sue JW, Ku HH, Chung HH, et al. Disposable screen-printed ring disk carbon electrode coupled with wall-jet electrogenerated iodine for flow injection analysis of arsenic （ Ⅲ ） [J]. Electrochemistry Communications, 2008, 10: 987-990.

[190] Sun Q, Wang J, Tang M, et al. A new electrochemical system based on a flow-field shaped solid electrode and 3D-printed thin-layer flow cell: Detection of Pb^{2+} ions by continuous flow accumulation square-wave anodic stripping voltammetry[J]. Analytical Chemistry, 2017, 89: 5024-5029.

[191] Tang X, Zhao D, He J, et al. Quenching of the electrochemiluminescence of tris （ 2,2'-bipyridine ） ruthenium （ Ⅱ ） /tri-n-propylamine by pristine carbon nanotube and its application to

电化学发光新体系及微小器件的研究

quantitative detection of DNA[J]. Analytical Chemistry, 2013, 85: 1711-1718.

[192] Tcherkas YV, Kartsova LA, Krasnova IN. Analysis of amino acids in human serum by isocratic reversed-phase high-performance liquid chromatography with electrochemical detection[J]. Journal of Chromatography A, 2001, 913: 303-308.

[193] Tindall GW, Bruckenstein S. Determination of heterogeneous equilibrium constants by chemical stripping at a ring-disk electrode. Evaluation of the equilibrium constant for the reaction copper + copper（Ⅱ）→2copper（Ⅰ）in 0.2M sulfuric acid[J]. Analytical Chemistry, 1968, 40: 1402-1404.

[194] Torres WR, Davia F, del Pozo M, et al. EQCM and RDE/RRDE study of soluble iron phthalocyanine bifunctional catalyst for the lithium-oxygen battery[J]. Journal of the Electrochemical Society, 2017, 164: A3785-A3792.

[195] Vagin MY, Karyakin AA, Vuorema A, et al. Coupled triple phase boundary processes: Liquid–liquid generator–collector electrodes[J]. Electrochemistry Communications, 2010, 12: 455-458.

[196] Valdes JL, Cheh HY. A systematic approach to the determination of possible reaction mechanisms of oxygen reduction on platinum in alkaline medium[J]. Journal of Electrochemical Society, 1985, 132: 2365-2640.

[197] Verri C, Roz L, Conte D, et al. Fragile histidine triad gene inactivation in lung cancer: The european early lung cancer project[J]. American Journal of Respiratory and Critical Care Medicine, 2009, 179: 396-401.

[198] Visco RE. Electroluminescence in solutions of aromatic hydro-

carbons[J]. Journal of the American Chemical Society, 1964, 86: 5350-5351.

[199] WJ Albery MLH. Ring-disc electrodes[M]. Oxford: Clarendon Press,1971.

[200] Wang B, Wang H, Zhong X, et al. A highly sensitive electrochemiluminescence biosensor for the detection of organophosphate pesticides based on cyclodextrin functionalized graphitic carbon nitride and enzyme inhibition[J]. Chemical Communications, 2016, 52: 5049-5052.

[201] Wang D, Li Y, Lin Z, et al. Surface-enhanced electrochemiluminescence of $Ru@SiO_2$ for ultrasensitive detection of carcinoembryonic antigen[J]. Analytical Chemistry, 2015, 87: 5966-5972.

[202] Wang H, Yuan Y, Chai Y, et al. Self-enhanced electrochemiluminescence immunosensor based on nanowires obtained by a green approach[J]. Biosensors and Bioelectronics, 2015, 68: 72-77.

[203] Wang J, Zhao R, Xu M, et al. Cathodic electrochemiluminescence of luminol in aqueous solutions based on C-doped oxide covered titanium electrode[J]. Electrochimica Acta, 2010, 56: 74-79.

[204] Wang T, Wang D, Padelford JW, et al. Near-infrared electrogenerated chemiluminescence from aqueous soluble lipoic acid Au nanoclusters[J]. Journal of the American Chemical Society, 2016, 138: 6380-6383.

[205] Wang YL, Cao JT, Chen YH, et al. A label-free electrochemiluminescence aptasensor for carcinoembryonic antigen detection based on electrodeposited ZnS–CdS on MoS_2 decorated electrode[J]. Analytical Methods, 2016, 8: 5242-5247.

[206] Wang Y, Zhou B, Wu S, et al. Colorimetric detection of hydrogen peroxide and glucose using the magnetic mesoporous silica nanoparticles[J]. Talanta, 2015, 134: 712-717.

[207] Wang Z, Fan Z. Cu^{2+} modulated nitrogen-doped grapheme quantum dots as a turn-off/on fluorescence sensor for the selective detection of histidine in biological fluid[J]. Spectrochimica Acta Part A: Molecular and Biomolecular Spectroscopy, 2018, 189: 195-201.

[208] Wasalathanthri DP, Li D, Song D, et al. Elucidating organ-specific metabolic toxicity chemistry from electrochemiluminescent enzyme/DNA arrays and bioreactor bead-LC-MS/MS[J]. Chemical Science, 2015, 6: 2457-2468.

[209] Wei H, Wang E. Electrochemiluminescence of tris（2,2'-bipyridyl）ruthenium and its applications in bioanalysis: A review[J]. Luminescence, 2011, 26: 77-85.

[210] Wei Zhan JA, Richard M. Crooks. Electrochemical sensing in microfluidic systems using electrogenerated chemiluminescence as a photonic reporter of redox reactions[J]. Journal of the American Chemical Society, 2002, 124: 13265-13270.

[211] Wu J, Zhang D, Wang Y, et al. Catalytic activity of graphene–cobalt hydroxide composite for oxygen reduction reaction in alkaline media[J]. Journal of Power Sources, 2012, 198: 122-126.

[212] Wu MS, Qian GS, Xu JJ, et al. Sensitive electrochemiluminescence detection of c-Myc mRNA in breast cancer cells on a wireless bipolar electrode[J]. Analytical Chemistry, 2012, 84: 5407-5414.

[213] Wu MS, Yuan DJ, Xu JJ, et al. Sensitive electrochemilumines-

cence biosensor based on Au-ITO hybrid bipolar electrode amplification system for cell surface protein detection[J]. Analytical Chemistry, 2013, 85: 11960-11965.

[214] Wu S, Lan X, Huang F, et al. Selective electrochemical detection of cysteine in complex serum by graphene nanoribbon[J]. Biosensors and Bioelectronics, 2012, 32: 293-296.

[215] Wu Y, Huang J, Zhou T, et al. A novel solid-state electrochemiluminescence sensor for the determination of hydrogen peroxide based on an au nanocluster-silica nanoparticle nanocomposite[J]. Analyst, 2013, 138: 5563-5565.

[216] Wu ZQ, Liu JJ, Li JY, et al. Illustrating the mass-transport effect on enzyme cascade reaction kinetics by use of a rotating ring-disk electrode[J]. Analytical Chemistry, 2017, 89: 12924-12929.

[217] Wujian Miao, J-P C, Allen J Bard. Electrogenerated chemiluminescence 69: The tris（2,2-bipyridine）ruthenium（Ⅱ），（Ru（bpy）$_3^{2+}$）/ tri-n-propylamine （Tpra） system revisitedsa new route involving TprA•+ cation radicals[J]. The Journal of American Chemical Society, 2002, 124: 14478-14485.

[218] Xiao Li, Dodi Heryadi aAAG. Electroreduction activity of hydrogen peroxide on Pt and Au electrodes[J]. Langmuir, 2005, 21: 9251-9259.

[219] Xiong C, Liang W, Wang H, et al. In situ electro-polymerization of nitrogen doped carbon dots and their application in an electrochemiluminescence biosensor for the detection of intracellular lead ions[J]. Chemical Communications, 2016, 52: 5589-5592.

[220] Xiong CY, Wang HJ, Liang WB, et al. Luminescence-functionalized metal-organic frameworks based on a ruthenium（Ⅱ）

complex: A signal amplification strategy for electrogenerated chemiluminescence immunosensors[J]. Chemistry A European Journal, 2015, 21: 9825-9832.

[221] Xiong H, Zheng X. Label-free electrochemiluminescence detection of specific-sequence DNA based on DNA probes capped ion nanochannels[J]. Analyst, 2014, 139: 1732-1739.

[222] Xu G, Dong S. Electrochemiluminescence of the Ru（bpy）$_3^{2+}$/$S_2O_8^{2-}$ system in purely aqueous solution at carbon paste electrode[J]. Electroanalysis, 2000, 12: 583-587.

[223] Xu G, Zeng X, Lu S, et al. Electrochemiluminescence of luminol at the titanate nanotubes modified glassy carbon electrode[J]. Luminescence, 2013, 28: 456-460.

[224] Xu J, Zhang Y, Li L, et al. Colorimetric and electrochemiluminescence dual-mode sensing of lead ion based on integrated lab-on-paper device[J]. ACS Applied Materials and Interfaces, 2018, 10: 3431-3440.

[225] Xu Y, Yin XB, He XW, et al. Electrochemistry and electrochemiluminescence from a redox-active metal-organic framework[J]. Biosensors and Bioelectronics, 2015, 68: 197-203.

[226] Yang TH, Venkatesan S, Lien CH, et al. Nafion/lead oxide–manganese oxide combined catalyst for use as a highly efficient alkaline air electrode in zinc–air battery[J]. Electrochimica Acta, 2011, 56: 6205-6210.

[227] Yang Y, Wu W, Wang Q, et al. Novel anodic electrochemiluminescence system of Pt nanocluster/graphene hybrids for ultrasensitive detection of Cu^{2+}[J]. Journal of Electroanalytical Chemistry, 2016, 772: 73-79.

[228] Ying Zhou, Zhan-Xian Li, Shuang-Quan Zang, et al. A novel sensitive turn-on fluorescent Zn^{2+} chemosensor based on an easy to prepare C_3-symmetric schiff-base derivative in 100% aqueous solution[J]. Organic Letters, 2012, 14: 1214-1217.

[229] Yu XH. Novel ratiometric electrochemical sensor for sensitive detection of Ag^+ ion using high nitrogen doped carbon nanosheets[J]. International Journal of Electrochemical Science, 2018: 2875-2886.

[230] Yuan Y, Han S, Hu L, et al. Coreactants of tris（2,2′-bipyridyl）ruthenium（Ⅱ）electrogenerated chemiluminescence[J]. Electrochimica Acta, 2012, 82: 484-492.

[231] Zamolo VA, Valenti G, Venturelli E, et al. Highly sensitive electrochemiluminescent nanobiosensor for the detection of palytoxin[J]. ACS Nano, 2012, 6: 7989-7997.

[232] Zhai Q, Zhang X, Han Y, et al. A nanoscale multichannel closed bipolar electrode array for electrochemiluminescence sensing platform[J]. Analytical Chemistry, 2016, 88: 945-951.

[233] Zhang J, Qi H, Li Y, et al. Electrogenerated chemiluminescence DNA biosensor based on hairpin DNA probe labeled with ruthenium complex[J]. Analytical Chemistry, 2008, 80: 2888-2894.

[234] Zhang LY, Sun MX. Determination of histamine and histidine by capillary zone electrophoresis with pre-column naphthalene-2,3-dicarboxaldehyde derivatization and fluorescence detection[J]. Journal of Chromatography A, 2004, 1040: 133-140.

[235] Zhang L, Niu W, Xu G. Synthesis and applications of noble metal nanocrystals with high-energy facets[J]. Nano Today, 2012, 7: 586-605.

[236] Zhang S, Ding Y, Wei H. Ruthenium polypyridine complexes combined with oligonucleotides for bioanalysis: A review[J]. Molecules, 2014, 19: 11933-11987.

[237] Zhang X, Chen C, Li J, et al. New insight into a microfluidic-based bipolar system for an electrochemiluminescence sensing platform[J]. Analytical Chemistry, 2013, 85: 5335-5339.

[238] Zhang X, Chen C, Yin J, et al. Portable and visual electrochemical sensor based on the bipolar light emitting diode electrode[J]. Analytical Chemistry, 2015, 87: 4612-4616.

[239] Zhang X, Li J, Jia X, et al. Full-featured electrochemiluminescence sensing platform based on the multichannel closed bipolar system[J]. Analytical Chemistry, 2014, 86: 5595-5599.

[240] Zhang X, Zhai Q, Xing H, et al. Bipolar electrodes with 100% current efficiency for sensors[J]. ACS Sens, 2017, 2: 320-326.

[241] Zhang X, Zhai Q, Xu L, et al. Paper-based electrochemiluminescence bipolar conductivity sensing mechanism: A critical supplement for the bipolar system[J]. Journal of Electroanalytical Chemistry, 2016, 781: 15-19.

[242] Zhang X, Zhang B, Miao W, et al. Molecular-counting-free and electrochemiluminescent single-molecule immunoassay with dual-stabilizers-capped CdSe nanocrystals as labels[J]. Analytical Chemistry, 2016, 88: 5482-5488.

[243] Zhao J, Lei YM, Chai YQ, et al. Novel electrochemiluminescence of perylene derivative and its application to mercury ion detection based on a dual amplification strategy[J]. Biosensors and Bioelectronics, 2016, 86: 720-727.

[244] Zhao Y, Wang Q, Li J, et al. A CeO_2-matrical enhancing ECL

sensing platform based on the Bi_2S_3-labeled inverted quenching mechanism for PSA detection[J]. Journal of Materials Chemistry B, 2016, 4: 2963-2971.

[245] Zheng L, Chi Y, Shu Q, et al. Electrochemiluminescent reaction between Ru（bpy）$_3^{2+}$ and oxygen in nafion film[J]. The Journal of Physical Chemistry C, 2009, 113: 20316–20321.

[246] Zhifeng Ding BMQ, Santosh K. Haram, Lindsay E. Pell, Brian A. Korgel, Allen J. Bard. Electrochemistry and electrogenerated chemiluminescence from silicon nanocrystal quantum dots[J]. Science, 2002, 296: 1293-1297.

[247] Zhou R, Zheng Y, Jaroniec M, et al. Determination of the electron transfer number for the oxygen reduction reaction: From theory to experiment[J]. ACS Catalysis, 2016, 6: 4720-4728.

[248] Zhou Y, Li W, Yu L, et al. Highly efficient electrochemiluminescence from iridium（Ⅲ）complexes with 2-phenylquinoline ligand[J]. Dalton Transactions, 2015, 44: 1858-1865.

[249] Zhou Z, Xu L, Wu S, et al. A novel biosensor array with a wheel-like pattern for glucose, lactate and choline based on electrochemiluminescence imaging[J]. Analyst, 2014, 139: 4934-4939.

[250] Zhu F, Yan J, Lu M, et al. A strategy for selective detection based on interferent depleting and redox cycling using the plane-recessed microdisk array electrodes[J]. Electrochimica Acta, 2011, 56: 8101-8107.

后　记

　　光阴荏苒，岁月流逝，在应化所的求学生涯已接近尾声，在此论文完成之际，谨向所有给予过我帮助与关怀的老师、同学、好友及家人表达我最衷心的感谢。

　　回首往事，清楚地记得 2013 年的夏天初来应化所的场景，庄严肃穆的实验楼、翠绿整洁的校园、勤奋上进的研究人员、和蔼可亲的老师、热情友善的师兄师姐让初来乍到的我有些激动又有些许忐忑，怀着一份当科学家的心来到应化所这片科研圣地，开始了我的研究生生活。在应化所求学的这五年半时间，良好的学术氛围让我受益匪浅。感谢自己当初做的决定，是这个决定让我遇见了我的导师和这么多优秀的同学与同门。

　　我的导师徐国宝研究员，治学严谨、为人谦逊、待人友善，他对工作的热爱与付出让我由衷地敬佩，我所收获的一切成果无不凝聚着徐老师的心血与汗水；在我遇到困难一蹶不振时，徐老师给予了我最大的宽容与鼓励。成为您的学生是我的幸运，在此，向我最敬爱的徐老师致以最崇高的敬意和最衷心的感谢！

　　感谢汪尔康院士、董绍俊院士在工作中给予的指导和帮助，两位先生渊博的学识、严谨的学风、对科学执着的追求无不让人心生敬意。两位先生敬业乐业的精神更是我一生学习的榜样！

　　感谢电分析国家重点实验室杨秀荣院士和逯乐慧、陈卫、李壮、牛利、于聪、金永东、王振新、高翔、王宏达、彭章泉、姜秀娥、唐纪琳、郑建波、李冰凌、杜衍、夏勇、李斐等诸位老师

123

对我的热心指导和帮助。

感谢本研究组的所有师兄弟姐妹们在工作与生活中给予的热心帮助与悉心关照，能跟你们一起学习生活、共同进步是我的荣幸。

感谢我应化所的好友孔俊俊、郭梅、张春媚，五年半的学习中有你们的陪伴让我感到温暖与快乐。感谢大学好友们对我无条件的支持与鼓励，在我最为狼狈的时刻选择陪伴我、鼓励我，让我明白什么才是真正的朋友！

还要感谢我最敬爱的师母刘小萍女士，在生活中给予我的帮助与关怀！

最后特别感谢我的父母亲和姐姐，幼稚如我，不仅无法帮你们分担忧虑，还总让你们担心着急，特别感谢你们对我无尽的包容与爱！愿你们身体健康，事事顺心！

值此，再次向所有关心帮助我的老师、同学、朋友和亲人表达深深的感谢！祝福你们一生平安！

启黎明

2018 年 10 月于长春